微分方程式と数理モデル

現象をどのようにモデル化するか

遠藤雅守・北林照幸 共著

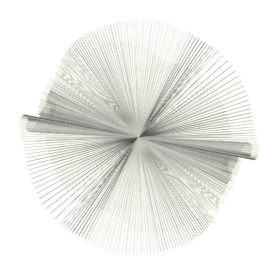

裳華房

Differential Equations
and
Modeling of Physical Systems
― How a mathematical model of phenomenon is built ? ―

by

Masamori Endo, Dr. Eng.

Teruyuki Kitabayashi, Dr. Sc.

SHOKABO

TOKYO

まえがき

　ニュートン力学，電磁気学，量子力学など，物理の基本法則は「ある物理量の変化率」が「他の物理量の変化」の原因になる，という形で書かれていて，一般にそれは**微分方程式**とよばれる．工学もその基本原理は物理の法則だから，微分方程式は理系の学生全般にとって「読み書き」に相当する必須のスキルといってよいだろう．

　しかしながら，どういうわけか日本の高校教育では，物理学で微積分を使ってはいけない決まりになっているらしい．これが，高校生の物理嫌い，数学嫌いの一因ではないかと筆者は危惧している．

　微分方程式は，かのアイザック・ニュートンによって，物理の問題を解くための「道具」として生まれた．その後，その特徴により整理分類され，工夫されたさまざまな解法が体系化された微分方程式は，1つの学問分野として洗練を極めることになる．そのため，大学では，微分方程式は物理とは別の独立した講義で教えられることになっている．

　そのようなこともあってか，せっかく大学に入って高度な微分方程式の講義を受けても，その「使い方」がよくわからない学生諸君が散見される．この問題に対する著者の回答が，本書「微分方程式と数理モデル」である．

　本書は，思い切って理論的背景を省略し，ある物理や工学の問題は微分方程式でどのように表されるのか，そしてその微分方程式を解くことにより何がわかるのか，といった応用面を主眼にして書かれている．そのため，微分方程式の教科書としては異色ともいえる内容になっている．

　取り扱う対象はなるべく幅広い分野から選んだつもりだが，最も重要と思われる**ニュートン力学**，**電気回路**の線形微分方程式の問題には大きく紙幅を割いている．

　本書のもう1つの特徴が，微分方程式の「解き方」以外の側面に光を当て

た点である．それは，微分方程式を解かなくてもわかる洞察についてであり，また，一見全く異なる2つの現象が，共通の微分方程式で記述できるという面白さである．

まだコンピューターが未発達だった頃，コンデンサーやコイルを組み合わせて構造物の強度を解析する「アナログコンピューター」という装置が隆盛を極めた．日本初の超高層ビル，「霞が関ビル」はその成果の1つである．これも，コンデンサーやコイルが作る回路と，ばねとおもりの振動が共通の微分方程式で記述できるという性質を利用したものである．本書を通じて，微分方程式の「解き方」でなく，「使い方」がわかったという実感をもっていただければ，著者の目的は達成される．

最後に，本書の企画段階から多大なご尽力をいただいた裳華房の石黒浩之氏に御礼を申し上げる．また，本書で取り上げられた章末問題のなかには，東海大学理学部物理学科の講義で取り上げたものもある．学生諸君からのフィードバックは大変参考になった．最後に，内容のチェックを担当してくれた東海大学大学院の大川槙也君，栢森慎悟君に，この場を借りて謝意を表したい．

2017年10月

著　者

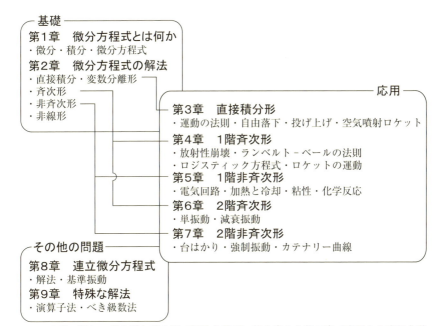

本書の流れ：第1章と第2章で解法を学び，第3章から第7章で実例から応用を学ぶ．第8章と第9章でその他の問題も扱う．

目　次

第 1 章　微分方程式とは何か

1.1　1 変数関数の微分 ･････1
　1.1.1　微分の定義･･･････2
　1.1.2　微分の公式･･･････5
　1.1.3　初等関数の微分･･･5
1.2　1 変数関数の積分･････7
　1.2.1　積分の定義･･･････7
　1.2.2　微分と積分の関係･･･9
　1.2.3　積分の公式･･････10
　1.2.4　初等関数の積分････11
1.3　微分方程式･････････12
　1.3.1　微分方程式の定義･･･13
　1.3.2　微分方程式の用語･･･13
　1.3.3　初期値問題，境界値問題
　　　　････････････16
章末問題･････････････18

第 2 章　微分方程式の解法

2.1　微分方程式の解法による分類
　　････････････････20
2.2　直接積分･･･････････22
2.3　変数分離法･････････23
　2.3.1　変数分離とは･････23
　2.3.2　変数分離形に変換できる
　　　　微分方程式･････25
2.4　特性方程式による解法（斉次形）
　　････････････････27
　2.4.1　定数係数斉次線形微分
　　　　方程式の基本解･･･27
　2.4.2　線形微分方程式の解の性質
　　　　･･････････････28
　2.4.3　ロンスキー行列･･･29
　2.4.4　特性方程式･･････30
　2.4.5　特性方程式の重根･･･32
2.5　特性方程式による解法
　　（非斉次形）･･････････33
　2.5.1　非斉次線形微分方程式
　　　　の一般解･･･････33
　2.5.2　未定係数法･･････34
　2.5.3　定数変化法･･････38
2.6　非線形微分方程式･････41
章末問題･････････････42

第3章　直接積分形微分方程式

3.1　直接積分形の微分方程式 ‥45
3.2　運動の法則 ‥‥‥‥46
　3.2.1　自由落下運動 ‥‥48
3.2.2　投げ上げ運動 ‥‥51
3.2.3　空気噴射ロケット ‥52
章末問題‥‥‥‥‥‥54

第4章　1階斉次微分方程式

4.1　1階斉次微分方程式の一般形
　‥‥‥‥‥‥‥55
4.2　1階定数係数線形微分方程式
　‥‥‥‥‥‥‥56
　4.2.1　放射性元素の崩壊 ‥56
4.2.2　ランベルト-ベールの法則
　‥‥‥‥‥‥‥59
4.3　ロジスティック方程式 ‥60
4.4　ロケットの運動 ‥‥64
章末問題‥‥‥‥‥‥68

第5章　1階非斉次微分方程式

5.1　1階非斉次微分方程式の一般形
　‥‥‥‥‥‥‥70
5.2　電気回路の過渡応答 ‥‥71
　5.2.1　RC直列回路 ‥‥71
　5.2.2　RL直列回路 ‥‥76
　5.2.3　交流電源に対する回路
　　　の応答 ‥‥‥77
　5.2.4　調和振動の複素関数表示
　　　‥‥‥‥‥81
5.3　加熱と冷却 ‥‥‥84
　5.3.1　ニュートンの冷却の法則
　　　‥‥‥‥‥84
5.3.2　2乗・3乗の法則 ‥‥86
5.4　流体中の運動 ‥‥‥88
　5.4.1　粘性領域の落下運動 ‥89
　5.4.2　慣性領域の落下運動 ‥91
5.5　線形微分方程式と初期条件，
　　非斉次項の関係 ‥‥93
5.6　化学反応と化学平衡 ‥‥95
　5.6.1　化学反応の次数 ‥‥95
　5.6.2　可逆的な反応 ‥‥99
　5.6.3　水素イオン濃度（pH）
　　　‥‥‥‥‥102
章末問題‥‥‥‥‥‥103

目次 ix

第6章 2階斉次微分方程式

6.1 2階斉次微分方程式の一般形
　　　・・・・・・・・・105
6.2 単振動・・・・・・・106
　6.2.1 ばねとおもりの系・・・106
　6.2.2 単振り子・・・・・114
　6.2.3 LC直列回路・・・・・117
6.3 減衰振動・・・・・・・118
　6.3.1 ばねとおもりの系・・・119
　6.3.2 RLC直列回路・・・・123
　6.3.3 アナログコンピューター
　　　・・・・・・・・・125
章末問題・・・・・・・・・126

第7章 2階非斉次微分方程式

7.1 2階非斉次微分方程式の一般形
　　　・・・・・・・・・128
7.2 ステップ入力に対する応答
　　　・・・・・・・・・130
　7.2.1 台はかりの微分方程式
　　　・・・・・・・・・130
　7.2.2 2次遅れ系・・・・131
　7.2.3 台はかりの設計指針・・135
7.3 強制振動・・・・・・・139
　7.3.1 ばねとおもりの系・・・139
　7.3.2 機械系強制振動の
　　　共振曲線・・・・・141
　7.3.3 RLC共振器・・・・145
　7.3.4 RLC共振器の共振曲線
　　　・・・・・・・・・146
7.4 カテナリー曲線・・・・・151
章末問題・・・・・・・・・157

第8章 連立微分方程式

8.1 連立微分方程式を1元
　　微分方程式に変形・・・159
8.2 線形代数による解法・・・161
　8.2.1 微分演算子D・・・・161
　8.2.2 クラメルの公式・・・163
　8.2.3 クラメルの公式による解法
　　　・・・・・・・・・164
　8.2.4 1次変換による解法
　　　―1階線形・・・165
　8.2.5 1次変換による解法
　　　―高階線形・・・・169
8.3 自由度と基準振動（モード）
　　　・・・・・・・・・170
　8.3.1 基準振動が存在する
　　　連立微分方程式・・・172
　8.3.2 ばねとおもりからなる系
　　　・・・・・・・・・174
　8.3.3 連成振り子・・・・・177

第 9 章　特殊な解法

9.1　演算子法・・・・・・・183
 9.1.1　微分演算子 D ・・・・184
 9.1.2　微分多項式・・・・・185
 9.1.3　$f(x)$ が指数関数のとき
  ・・・・・・・・・・187
 9.1.4　微分多項式が $(D+\alpha)$
  のとき・・・・・・188
 9.1.5　$f(x)$ がべき関数のとき
  ・・・・・・・・・・190
 9.1.6　$f(x)$ が三角関数のとき
  ・・・・・・・・・・191
 9.1.7　$f(x)$ が指数関数とべき関数
  の積のとき・・・・192
 9.1.8　$f(x)$ が指数関数，かつ
  $P(\alpha)=0$ のとき・・194
 9.1.9　演算子法まとめ・・・196
9.2　べき級数法・・・・・・196
 9.2.1　テイラー展開・・・・198
 9.2.2　微分方程式の級数展開
  ・・・・・・・・・・200
 9.2.3　エルミートの微分方程式
  ・・・・・・・・・・203
章末問題・・・・・・・・・207

8.3.4　LC 回路・・・・・・179
章末問題・・・・・・・・・182

あとがき・・・・・・・・・・・・・・・・208
参考文献・・・・・・・・・・・・・・・・209
章末問題解答・・・・・・・・・・・・・・210
索　引・・・・・・・・・・・・・・・・・222

1 微分方程式とは何か

本章では，微分方程式を学ぶのに必要な基礎知識を復習しよう．山登りでいえば，装備を整えるベースキャンプにあたる．すでによく知っていることならば，飛ばして先に進んでしまってもよい．

1.1　1 変数関数の微分

関数とは，ある変数 x と y との関係を表す関係式である．変数にはアルファベットやギリシャ文字を割り当てるが，x や y は一例であって，使われる記号に明示的なルールはない．

ただし，多くの場合，自由に変えることができる変数を x，x の値を決めると値が決まる変数を y に割り当てる．このとき，変数 x を**独立変数**，変数 y を**従属変数**とよぶ．そして，x と y の関係を表す関係式が**関数**である．例えば，「$y = x^2 + 1$」という関係は，図 1.1 のように，x に任意の値を入

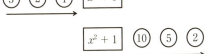

図 1.1　x を独立変数，y を従属変数とする関数 $y = f(x)$ のイメージ．下の例は $f(x) = x^2 + 1$ という具体的な関数にいくつかの x を与えたときのイメージ．

れると,「x^2+1」という規則に従って y が作られる「箱」に例えられる[†1].

具体的な数式でなく,一般的な関数を表す場合には以下のように関数を表す記号,例えば f と独立変数 x を組み合わせて書く.

$$y = f(x) \tag{1.1}$$

このとき,括弧のなかの独立変数は関数 f の**引数**(ひきすう)とよばれる.本書では,いくつかの関数を表すときにはそれぞれ $f(x), g(x), h(x)$ などの記号で区別する.

$f(u,v)$ のように2個以上の引数をもつ関数も考えられる.例えば,$u^2 + v - 1$ は $f(u,v)$ の具体例の1つである.

上述のように,関数には独立変数が複数あるものや,従属変数が複数あるものもあるが,本書で対象となる問題は,独立変数も従属変数も1個の関数で表せるものとする.これを **1変数関数** とよぶ[†2].

1.1.1 微分の定義

―― 微分の定義 ――――――――――――――――――――――

1変数関数を $y = f(x)$ とするとき,

$$\lim_{\Delta x \to 0} \frac{f(x_0 + \Delta x) - f(x_0)}{\Delta x} \tag{1.2}$$

を,「x_0 における $y = f(x)$ の微分」と定義する.

――――――――――――――――――――――――――――

$f(x)$ の微分が x_0 で定義できるためには,$f(x)$ は x_0 の近くで連続で(値が突然ジャンプせず),かつ (1.2) の値が1つに定まることが必要である.世のなかには,これらの前提が成り立たない関数もあるが,本書ではそういった関数は扱わない[†3].

―――――――――――
[†1] 昔は関数のことを「函数」とよんでいた.「函」とは昔の言葉で「箱」のことである.
[†2] ただし,第8章では,共通の独立変数 x をもつ複数の従属変数 y_p の関係を示した**連立微分方程式**を扱う.
[†3] 連続だが,至るところ微分不可能な関数の例として,**ワイエルシュトラス関数** $w(x) = \sum_{n=0}^{\infty} a^n \cos(b^n \pi x)$ が挙げられる.

図 1.2 は，ある関数 $y = f(x)$ の，点 x_0 で行う微分を図式的に捉えたものである．$\{f(x_0 + \Delta x) - f(x_0)\}/\Delta x$ というのは，関数の曲線上に，$x = x_0$ の点とそこから x が Δx 離れた2点をとり，その2点を結ぶ線分を斜辺とする直角三角形の傾き(縦/横の比率)を求める計算と考えることができる．Δx をゼロに漸近させると，この傾きは1つに決まる．そして，それは，$y = f(x)$ の x_0 における接線となる．

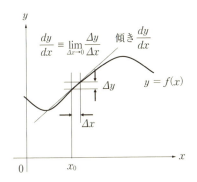

図 1.2 関数 $y = f(x)$ の $x = x_0$ における微分の定義

「関数 $y = f(x)$ の微分」の結果は x により異なるから，これもまた x の関数と見なすことができる．そこで，あらゆる場所で $y = f(x)$ の微分を返すような関数を見つける操作を「関数 $y = f(x)$ を x で微分する」とよぼう．そして，その操作は $\dfrac{dy}{dx}$ または $\dfrac{d}{dx}f(x)$ と書かれる．

関数の微分

任意の x に対して $y = f(x)$ の微分を返す関数を「関数 $f(x)$ の微分」と定義する．関数 $f(x)$ の微分は $\dfrac{dy}{dx}$ または $\dfrac{d}{dx}f(x)$ と書かれる．

微分を $\dfrac{d}{dx}$ で表す記法は**ライプニッツ**[†4]**の記法**とよばれている．ライプニッツの記法は分数に見えるが，これは分数ではない．ただし，微分の定義

---
†4 ニュートンと微分法の発見者を争ったドイツの数学者．

が Δy と Δx の比で与えられることから，多くの定理はこれを形式的に分数と考えると同等の結果を得る．

$\dfrac{dy}{dx}$ を，さらに x で微分することができる．これは $\dfrac{d^2y}{dx^2}$ と書かれる．分子の「2」は y の前につく決まりなので注意すること．

$\dfrac{d^2y}{dx^2}$ をさらに微分することもできて，一般にある関数を n 回微分したものを，その関数の「n 階微分」とよぶ．ここまでに定義された表記法をまとめておく．

微分のライプニッツ記法

$$y = f(x) \text{ の } x \text{ による } 1 \text{ 階微分}: \frac{dy}{dx}$$

$$y = f(x) \text{ の } x \text{ による } 2 \text{ 階微分}: \frac{d^2y}{dx^2} = \frac{d}{dx}\left(\frac{dy}{dx}\right)$$

$$y = f(x) \text{ の } x \text{ による } 3 \text{ 階微分}: \frac{d^3y}{dx^3} = \frac{d}{dx}\left(\frac{d^2y}{dx^2}\right)$$

$$\vdots$$

$$y = f(x) \text{ の } x \text{ による } n \text{ 階微分}: \frac{d^ny}{dx^n}$$

一方，$y = f(x)$ の微分をダッシュ記号で $y' = f'(x)$ と書く記法もある．この記法は**ラグランジュ**[†5]**の記法**とよばれている．微分方程式の教科書では標準的に使われているので，本書も，以降は主にラグランジュの記法を使う．

ラグランジュの記法では，3 階微分まではダッシュ記号 $y''' = f'''(x)$ で，4 階以上は括弧を使い $y^{(n)} = f^{(n)}(x)$ と書く．

微分のラグランジュ記法

$$\frac{dy}{dx} = y'$$

[†5] 18 世紀フランスの数学者．

$$\frac{d^2y}{dx^2} = y''$$

$$\frac{d^3y}{dx^3} = y'''$$

$$\frac{d^4y}{dx^4} = y^{(4)}$$

1.1.2 微分の公式

微分に関する基本的な公式を覚えておこう．ここでは厳密な証明はしない．掛け算の九九のようなものだから，考えずに使えるようになることが大切だ．

和の微分
$$\{f(x) + g(x)\}' = f'(x) + g'(x) \tag{1.3}$$

積の微分
$$\{f(x) \cdot g(x)\}' = f'(x) \cdot g(x) + f(x) \cdot g'(x) \tag{1.4}$$

合成関数の微分

$y = f(x)$, $x = g(t)$ のとき，
$$\frac{d}{dt}f(g(t)) = \frac{d}{dx}f(x) \cdot \frac{d}{dt}g(t) \tag{1.5}$$

1.1.3 初等関数の微分

本書で取り扱う，代表的な初等関数の微分についておさらいする．

べき関数

べき関数の微分（ただし $n \neq 0$）
$$(x^n)' = nx^{n-1} \tag{1.6}$$

$n = 1$ の微分は x^0 となるが，あらゆる数はゼロ乗すれば 1 になるので，$y = ax$ の微分は $y' = a$（定数）である．$n = 0$ のときは例外で，この場合は

$f(x)$ は定数となるので，微分は x^{-1} でなくゼロとなる．

(1.6) は，n がマイナスの場合でも，分数の場合でも正しい．

$$\left(\frac{1}{x^2}\right)' = -\frac{2}{x^3} \tag{1.7}$$

$$\left(\frac{1}{\sqrt{x}}\right)' = -\frac{1}{2x^{3/2}} \tag{1.8}$$

対　数

---**対数の微分**（a は定数）---

$$\{\ln(ax)\}' = x^{-1} \tag{1.9}$$

ここで $\ln(x) = \log_e(x)$ である[†6]．また，対数の公式 $\ln(ax) = \ln(a) + \ln(x)$ により，定数 a は微分すると消滅するので注意が必要だ．

三角関数

---**三角関数の微分**（k は定数）---

$$\{\sin(kx)\}' = k\cos(kx) \tag{1.10}$$

$$\{\cos(kx)\}' = -k\sin(kx) \tag{1.11}$$

定数 k が前に出るのは，**合成関数の微分**の公式で説明できる．

指数関数

---**指数関数の微分**（k は定数）---

$$(e^{kx})' = ke^{kx} \tag{1.12}$$

指数関数の特徴は，「微分しても同じ関数であること」である．また，定数 k が 1 のとき，指数関数は何回微分しても完全に元の関数に一致するという面白い特徴をもつ．

[†6] 主に使われる対数には，10 を底とする**常用対数**と，e を底とする**自然対数**がある．理工学の教科書では，常用対数を $\log(x)$，自然対数を $\ln(x)$ と書き，底の表記が省略されるのが通常である．一方，数学の教科書では常用対数を $\log_{10}(x)$，自然対数を $\log(x)$ と書くことが多い．本書は「理工学流」表記を採用する．

1.2 1変数関数の積分

1.2.1 積分の定義

―1変数関数の積分の定義―

関数 $y = f(x)$ の $x = x_0$ から $x = x_n$ の区間の**定積分**は，図1.3のように $x = x_0$ と $x = x_n$ で x 軸に垂直に引いた直線と x 軸，そして $y = f(x)$ に囲まれた面積 S である．

ここで，面積には符号があり，x 軸より下側の面積をマイナスとする点に注意する．関数 $y = f(x)$ の $x = x_0$ から $x = x_n$ の区間の定積分は

$$S = \int_{x_0}^{x_n} f(x)\, dx \tag{1.13}$$

と書かれる．

$f(x)$ の定積分は，S を y 軸に平行な細い短冊の集合と見なすことで近似できる．図1.3から

$$S \simeq f(x_0)\Delta x + f(x_1)\Delta x + \cdots + f(x_{n-1})\Delta x \tag{1.14}$$

である．総和記号を使えば

$$S \simeq \sum_{i=0}^{n-1} f(x_i)\Delta x \tag{1.15}$$

である．

ここで，微分すると $f(x)$ になる関数，$F(x)$ を考える．

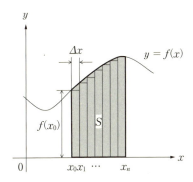

図1.3 関数 $y = f(x)$ を x_0 から x_n の区間で定積分する．

$$F'(x) = f(x) \tag{1.16}$$

すると,微分の定義式(1.2)から

$$\frac{F(x_{i+1}) - F(x_i)}{\Delta x} \simeq f(x_i) \longrightarrow f(x_i)\Delta x \simeq F(x_{i+1}) - F(x_i) \tag{1.17}$$

で,この関係を(1.14)に代入すれば,

$$S \simeq \{F(x_1) - F(x_0)\} + \{F(x_2) - F(x_1)\} + \cdots + \{F(x_n) - F(x_{n-1})\} \tag{1.18}$$

となり,隣り合う項がすべて打ち消し合って,最後に

$$S \simeq \sum_{i=0}^{n-1} f(x_i)\Delta x = F(x_n) - F(x_0) \tag{1.19}$$

が残る.Δx をゼロに近づけていけば,近似は正確に定積分の値 S に一致する.

定積分

微分すると $f(x)$ になる関数 $F(x)$ があるとき,$f(x)$ の定積分は

$$\int_{x_0}^{x_n} f(x)\,dx = F(x_n) - F(x_0) \tag{1.20}$$

で求まる.

このように,定積分を求めるには,面積を足し合わせるのではなく「微分すれば $f(x)$ になる関数 $F(x)$ を求め,終点の値 $F(x_n)$ から始点の値 $F(x_0)$ を引けばよい」ということがわかる.この,「微分すれば $f(x)$ になる関数 $F(x)$」を $f(x)$ の**原始関数**とよび,この関数を求める作業を**不定積分**とよぶ.

定数を微分すればゼロだから,$F(x) + C$(C は任意の定数)を微分すればやはり $f(x)$ になる.したがって,一般に $f(x)$ の不定積分は $F(x) + C$ と書かれる.そして,定数 C は**積分定数**とよばれる.

> **不定積分**
>
> 微分すると $f(x)$ になる関数 $F(x)$ を求める作業を，$f(x)$ の**不定積分**とよぶ．
> $$\int f(x)dx = F(x) + C \tag{1.21}$$
> ここで定数 C は**積分定数**で，任意の C に対して
> $$\frac{d}{dx}\{F(x) + C\} = f(x) \tag{1.22}$$
> が成り立つため，不定積分には必ず現れる．

1.2.2 微分と積分の関係

前項の議論から，微分と積分は互いに逆の関係であることがわかる．教科書によっては，積分の定義を「微分すれば $f(x)$ になる関数」としているものもあるが，数学的に厳密な定義はリーマン[†7]により最初に定式化されたもので，抽象的ではあるが，形としてはある区間の面積に相当する計算で定義されている．しかし，本書のテーマである微分方程式においては，$F(x)$ と $f(x)$ が微分と積分で結びつけられていることは大変重要である．

> **微分と積分の関係**
>
> $$\frac{d}{dx}F(x) = f(x) \tag{1.23}$$
> のとき，
> $$\int f(x)dx = F(x) + C \quad (C は任意の定数) \tag{1.24}$$

17世紀の大物理学者ニュートンは，この「微分と積分の関係」こそが自然界を記述する基本的なルールであることに気づき，自ら**微積分学**という新しい数学を生み出した．

[†7] 19世紀ドイツの数学者．複素関数論に多大な貢献をなす．**リーマン幾何学**は一般相対性理論の数学的基礎．

ニュートンが発見した**運動の法則**は,「速度 v の変化率は,物体に加わる力 F に比例し,質量 m に反比例する」というものである.これは,微分を使って表すことができる.

$$\frac{dv}{dt} = \frac{F}{m} \tag{1.25}$$

ここから,力 $F(t)$ を与えたとき,物体の速度 $v(t)$ がどう変化するかを知るには,力を時間で積分すればよいことがわかる.

「位置」や「速度」,「温度」や「圧力」など,計測可能で,数値で表される量は**物理量**とよばれる.ニュートン以降,さまざまな物理量を扱うさまざまな法則が発見されたが,それらの多くが,(1.25)のように微分を使った形で表されている.そして今までの議論から,微分で表された物理量を知るには,積分を行えばよいことがわかる.

物理量と物理法則

・計測可能で,数値で表される量を「物理量」とよぶ.
・物理法則とは物理量と物理量の関係式で,多くは微分を使い記述される.
・微分で表された物理量を知るには,積分を行えばよい.

1.2.3 積分の公式

1.1.2項で学んだ**微分の公式**に相当する**積分の公式**が知られている.$f(x)$ の原始関数を $F(x)$,$g(x)$ の原始関数を $G(x)$ とする.

和の積分

$$\int \{f(x) + g(x)\} \, dx = F(x) + G(x) + C \tag{1.26}$$

定数 k を含む関数の積分

$$\int k f(x) \, dx = k F(x) + C \tag{1.27}$$

kx (k は定数) の関数の積分

$$\int f(kx)\,dx = \frac{1}{k}F(kx) + C \tag{1.28}$$

置換積分

「合成関数の微分」に対応する積分公式で，$y = f(x)$ のとき，

$$\int g(y)\,dy = \int g(f(x))\frac{dy}{dx}dx \tag{1.29}$$

部分積分

「積の微分」に対応する積分公式で，

$$\int F(x)g(x)\,dx = F(x)G(x) - \int f(x)G(x)\,dx \tag{1.30}$$

1.2.4 初等関数の積分

初等関数の微分はすでに学んだ．したがって，その逆を考えれば初等関数の積分公式が得られる．

べき関数

― **べき関数の積分** (ただし $n \neq -1$) ―

$$\int x^n\,dx = \frac{1}{n+1}x^{n+1} + C \tag{1.31}$$

$n = -1$ のときだけは例外で，$y = 1/x$ の積分は

― **$1/x$ の積分** ―

$$\int \frac{1}{x}\,dx = \ln|x| + C \tag{1.32}$$

である．(1.31) は，以下のように n がマイナスの場合でも，分数の場合でも正しい．

$$\int \frac{1}{x^3}\,dx = -\frac{1}{2x^2} + C \tag{1.33}$$

$$\int \frac{1}{\sqrt{x}}\,dx = 2\sqrt{x} + C \tag{1.34}$$

三角関数

三角関数の積分（k は定数）

$$\int \sin(kx)\,dx = -\frac{1}{k}\cos(kx) + C \tag{1.35}$$

$$\int \cos(kx)\,dx = \frac{1}{k}\sin(kx) + C \tag{1.36}$$

指数関数

指数関数の積分（k は定数）

$$\int e^{kx}\,dx = \frac{1}{k}e^{kx} + C \tag{1.37}$$

1.3 微分方程式

微分方程式とは，「独立変数，従属変数，そして従属変数の微分を含んだ等式」である．本書では独立変数に x，従属変数に y を選んだから，微分方程式は x と $y, y', y'', \cdots$ を含み，等号で結ばれた関係式である．そして，微分方程式を「解く」とは，「与えられた微分方程式を満足し，かつ微分を含まない x と y の関係を見出すこと」と定義される．したがって，解は必ずしも $y = f(x)$ と表される必要はない，ということに注意しよう．

例えば，

$$y' + 2xy = 0 \tag{1.38}$$

が与えられたとき，**変数分離法**を用いれば，以下の関係式が導かれる．

$$\ln|y| = -x^2 + C' \quad (C' \text{ は任意の定数}) \tag{1.39}$$

これで，定義上，微分方程式としては「解けた」ことになる．もちろん，問題として何が問われているかによってはこれでは不十分で，さらに変形する必要もあるだろう．

以下の各項では，微分方程式の定義と用語について詳しく説明する．

1.3.1 微分方程式の定義

1変数関数の微分方程式の一般形

$$P(x, y, y', y'', y''', \cdots) = f(x) \tag{1.40}$$

$P(x, y, y', y'', y''', \cdots)$：$(x, y, y', y'', y''', \cdots)$ を引数とする任意の関数
$f(x)$　　　　　　　　：x を引数とする任意の関数

例えば，以下の微分方程式を考える．

$$y'' + k^2 y = 0 \quad (k \text{ は定数}) \tag{1.41}$$

そして，方程式

$$y = \sin(kx) \quad (k \text{ は定数}) \tag{1.42}$$

は(1.41)の解である．(1.42)が(1.41)の解であることを調べることは簡単である．実際に $\sin(kx)$ を x で微分して代入すればよい．

ところが，ある微分方程式が与えられたとき，その解を直ちに見抜くことは一般に大変困難である．これは，ちょうど多項式の因数分解に似ていないだろうか．多項式 $x^3 - 3x^2 + 3x - 1$ が与えられたとき，これを $(x-1)^3$ と因数分解するのにはコツがいる．しかし，$(x-1)^3$ が与えられたとき，これを $x^3 - 3x^2 + 3x - 1$ に展開するのは容易である．

このように，ある微分方程式が与えられたとき，それを解くのが困難であるからこそ，その方法を体系づけた**微分方程式**の講義が大学で開講され，多くの書籍が出版されているのである．

1.3.2 微分方程式の用語

微分方程式は，その形によって（効率のよい）解き方が異なる．ここでは微分方程式の分類法と，その用語について学ぶ．

階　数

微分方程式に登場する，最も高階の微分をこの方程式の**階数**とよぶ．そして，

表 1.1

微分方程式	階数
$y''' + y = 1$	3
$ay'' + y = 0$	2
$(x^2 + 2x + 1)y' + y = 1$	1

例えば「2 階微分方程式」のようによぶ．微分方程式の解き方，そして解の関数形は階数で大きく変わるため，微分方程式はまず階数で分類される（表 1.1）．

定数係数・変数係数

$y', y'', \cdots$ に定数，または x の関数が掛かっている場合，それらを**係数**とよぶ．係数が定数の場合は**定数係数**，関数の場合は**変数係数**とよび，解法が異なる．例えば，$x^2 y'' + 3y' + y = 0$ は，y'' の係数が x^2 で変数，y' の係数は 3 で定数，y は係数なしであるが，1 つでも変数係数があればそれは**変数係数微分方程式**で，すべて定数のものだけが**定数係数微分方程式**である．

正 規 形

微分方程式において，y の最も高階な微分に掛かる係数を 1 とした形を特に**正規形**とよぶ．正規形微分方程式の一般形は

$$y^{(n)} = f(x, y, y', \cdots, y^{(n-1)}) \tag{1.43}$$

である．物理，化学，工学などの基本法則は，たいていは最も高階な微分に対して線形なため，正規形の微分方程式で書ける．また，微分方程式を正規形で表すことは，微分方程式を適切に分類し，解法へのヒントを得るためにたびたび行われる．

斉次・非斉次

y と y の微分を含む項を左辺に，それ以外を右辺に移項したとき，微分方程式の右辺がゼロか，そうでないかは解法に大きく影響する．右辺がゼロの微分方程式を**斉次微分方程式**，定数または x の関数であるものを**非斉次微分方程式**とよぶ．**同次・非同次**というよび方もあるので覚えておこう（表 1.2）[8]．

表 1.2

微分方程式	斉次・非斉次	注
$y''' + y = 0$	斉次	
$y''' + y = 1$	非斉次	定数でも非斉次
$ay'' + y + x^2 = 0$	非斉次	y を含まない項は右辺に移項する
$x^2(y' - 1) + y = 0$	非斉次	展開すると x^2 が現れる

---

[8] 微分方程式の教科書は，「同次形微分方程式」（→ 2.3.2 項，p.26）との混同を避けるため「斉次」を好む．

線形・非線形

大雑把にいって線形とは1乗のことである．微分方程式に含まれている y と y の微分がすべて1乗であるとき，その微分方程式を**線形微分方程式**とよぶ．一方，線形以外のすべての微分方程式は**非線形微分方程式**である．例えば，微分方程式が y または y の微分同士の積を含むものは，非線形微分方程式である．三角関数や指数関数が y を引数にとるものも非線形微分方程式である（表1.3）．

表 1.3

微分方程式	線形・非線形	注
$y''y = 0$	非線形	
$xy'' = 0$	線形	係数が x の関数なら線形
$y'' + \sin(x) = 0$	線形	
$y'' + \sin(y) = 0$	非線形	上と似ているが，$\sin$ の引数が x でなく y

第2章で学ぶが，定数係数の線形微分方程式には一定の手続きによる解法が存在する．そして，多くの物理法則が線形微分方程式の形で書かれているため，線形微分方程式の解法を理解することは本書の主要な目的の1つである．

一方，非線形微分方程式に一般的な解法は存在しない．後で述べるように，

- 変数を変換して線形化する
- 変数を右辺，左辺に分離して，独立に積分する

などの工夫を行うが，「必ず解ける」という手法は存在しない．また，解もべき関数や三角関数などの初等的関数で表せない場合がある．

線形微分方程式に比べてはるかに難易度の高い非線形微分方程式だが，意外にも，「振り子の振動」といった単純な運動を表す微分方程式は非線形であり，その解は初等関数で表すことはできない．

一般解・特殊解・特異解

n 階微分方程式の解を求めるということは，n 回の積分を行うことである

から，解には n 個の積分定数が現れる．n 個の積分定数をもち，それらの値が定まっていない解を微分方程式の**一般解**とよぶ．一方，すべての積分定数に特定の値が与えられているとき，これを**特殊解**とよぶ[†9]．多くの微分方程式は，一般解に任意の定数を入れることで，すべての可能な特殊解が表現できる．

ところが，微分方程式のなかには，一般解の積分定数にどんな値を与えても得られない解が存在するものがある．これを**特異解**とよぶ．例えば，微分方程式 $y'^2 - 4y = 0$ の一般解は $y = (x - C)^2$ である（代入して確かめよ）．一方，$y = 0$ もこの微分方程式を満たすが，一般解の C にどんな値を入れても $y = 0$ とはならない．

以降，本書では，「2 階定数係数非斉次線形微分方程式の特殊解」を求める，といった記述が数限りなく現れる．その意味をここでしっかり覚えておくこと．

1.3.3 初期値問題，境界値問題

ある物理の問題を考えよう．物理法則が n 階微分方程式で与えられているとき，それを解くと，n 個の任意定数を含む一般解が得られる．しかし，一般解は，物理法則で許されるすべての y を表すことができる一方，特定の問題における y について知ることはできない．特定の問題における y を知るには，ある特定の x のときの y を与え，任意定数を決定する必要がある．

例えば，y が位置 x の関数であるときは，領域端で y が決まっていて，その中間で $y(x)$ が知りたい，という問題が多い．このような条件を**境界条件**または**境界値**とよぶ．そして，微分方程式と境界値が与えられていて，それらを同時に満足する関数を見出す問題を**境界値問題**とよぶ．

例えば，図 1.4 のように，しなやかで一様なひもの両端を固定して緩やかに張ると，ひもは弧を描いて垂れ下がる．このとき，ひもの高さ y を x の関数で表すことができ，y は x を独立変数とする **2 階定数係数非斉次非線形**

[†9] **特解**とよぶこともある．

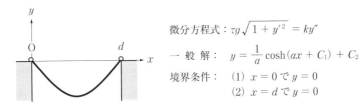

$$微分方程式：\tau g\sqrt{1+y'^2} = ky''$$

一　般　解：　$y = \dfrac{1}{a}\cosh(ax+C_1) + C_2$

境界条件：　(1) $x=0$ で $y=0$
　　　　　　(2) $x=d$ で $y=0$

図1.4　両端を固定されたひもが描く曲線 $y = f(x)$ が従う微分方程式と，その境界条件．詳しくは7.4節（p.151）を参照．

微分方程式を満足する．これを解くと2個の**任意定数** C_1, C_2 を含む一般解が得られるが，「両端の高さがゼロ」というのが境界条件にあたり，これを代入すれば C_1, C_2 が決定される．

一方，時間の関数 $y = f(t)$ は，時刻ゼロにおける $y, y', \cdots$ が知られている場合が多くあり，これを**初期条件**とよぶ．

例えば，図1.5のような鉛直投げ上げ運動を考える．地表近くの重力下における1次元の運動 $y(t)$ はニュートンの運動方程式に従い，物体の質量を m，重力加速度を g として

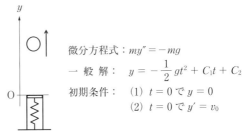

微分方程式：$my'' = -mg$

一　般　解：　$y = -\dfrac{1}{2}gt^2 + C_1 t + C_2$

初期条件：　(1) $t=0$ で $y=0$
　　　　　　(2) $t=0$ で $y' = v_0$

図1.5　鉛直に投げ上げられた物体の位置 $y = f(t)$ が従う微分方程式と，その初期条件

$$m\frac{d^2 y}{dt^2} = -mg \tag{1.44}$$

で与えられる．これは，分類すれば**2階定数係数非斉次線形微分方程式**である．この問題でわかっているのは「時刻ゼロの位置 $y(0)$，時刻ゼロの速度 $y'(0)$」で，知りたいのは任意の時刻の $y(t)$ である．このように，時間 t を独立変数とする微分方程式と，ある時刻における y, y' を同時に満足する $y(t)$ を見出す問題を**初期値問題**とよぶ．

n 階微分方程式ですべての任意定数を決定するためには，n 個の境界条件，または初期条件が必要となる．これは，n 個の変数をもつ連立方程式を解くには，n 本の独立した数式が必要であることと同じ理由である．上述の問題はどちらも 2 階微分方程式なので，問題を解くのに必要な境界条件・初期条件は 2 個となる．

章 末 問 題

1.1 x で微分しなさい．

(a) $x^3 + e^{2x}$

(b) $x^3 e^{2x}$

(c) $\sin(x^3 + e^{2x})$

(d) $\sin(2x) + \cos(3x)$

(e) $x \ln x$

(f) e^{-x^2}

1.2 次の関数の不定積分を求めなさい．

(a) $3x^2 + 2e^{2x}$

(b) $2 \sin x$

(c) $2 \cos(2x) - 3 \sin(3x)$

(d) $2x^3$

1.3 階数，斉次／非斉次，線形／非線形を答えなさい．y, x, θ, l 以外は定数である．

(a) $y'' + 3y' - 2y + 3 = 0$

(b) $y' - 2\sqrt{y} = 0$

(c) $y'' + 3y' - 2y + \sin x = 0$

(d) $my'' = -mg$ （落体の運動方程式）

(e) $ml\theta'' = -mg \sin \theta$ （振り子の運動方程式）

(f) $ml\theta'' = -mg\theta$ （振れが小さい振り子の運動方程式）

(g)　$LI' + RI = E$　(RL 直流回路を流れる電流)

1.4　大括弧内の関数は微分方程式の一般解であるか？　A, B, C は任意定数である．(微分方程式の解を得たら，必ずこの問題のように検算すること)．

(a)　$y' = y$　$[y = Ce^{3x}]$

(b)　$y' = 3y$　$[y = Ce^{3x}]$

(c)　$y' = 3y$　$[y = e^{3x}]$

(d)　$y'' = 2y' - y$　$[y = Ce^x + Cxe^x]$

(e)　$y'' = -y$　$[y = A\cos x + B\sin x]$

(f)　$y'' = -y$　$[y = A\cos x + 5A\sin x]$

(g)　$xy' = -y$　$[xy = A]$

(h)　$y' = xy$　$[y = Ae^{x^2/3}]$

1.5　落体の運動方程式 $my'' = -mg$ の一般解は $y(t) = -gt^2/2 + C_1 t + C_2$ である．初期条件 $y(0) = y_0, y'(0) = v_0$ を満たす特殊解を求めなさい．

1.6　次の一般解に対して，大括弧内の初期条件を満たす特殊解を求めなさい．

(a)　$N' = -\lambda N$（放射性元素の数）の一般解 $N(t) = Ce^{-\lambda t}$（C は任意の定数）$[N(0) = N_0]$

(b)　$LI' + RI = E$（RL 直流回路を流れる電流）の一般解 $I(t) = Ce^{-(R/L)t} + E/R$（$C$ は任意の定数）　$[I(0) = 0]$

(c)　$my'' = -ky$（単振子の運動方程式）の一般解 $y(t) = A\sin(\sqrt{k/m}\,t + \delta)$（$A, \delta$ は任意の定数）　$[y(0) = a,\ y'(0) = 0]$

2 微分方程式の解法

　本書の目指すゴールは，物理や化学，さまざまな工学の分野で現れる問題を微分方程式で表して，それを解けるようになることである．そのためには，具体的な問題を解きながら学んでいくのが手っ取り早い方法である．

　しかし，ここで一旦立ちどまり，微分方程式の種類とその解法を整理分類しておけば，与えられた問題がどういった問題で，それを解くのに最もふさわしい解法は何かを判断するのに役立つのではないだろうか．本章はそういった意図で書かれており，内容は第3章以降に比べ抽象的でやや高度になっている．急ぐ読者諸君は，飛ばして第3章からの具体的な問題に当たってもらっても構わない．

2.1 微分方程式の解法による分類

　第1章では微分方程式を**線形・非線形**，**斉次・非斉次**に分類した．ここで，微分方程式を，もう一度「適用可能な解法」という観点で再分類しよう．

- 直接積分可能な微分方程式
- 1階微分方程式
- 定数係数線形微分方程式
- 変数係数線形微分方程式
- 非線形微分方程式

次に，代表的な微分方程式の解法を列挙する．

- 直接積分
- 変数分離による解法
- 特性方程式による解法

・特殊な解法
　— 演算子法
　— べき級数法

さらに，本書では取り上げないが，**ラプラス変換**や**フーリエ変換**を使った解法，コンピューターを用いる**数値的解法**などもある．

それぞれのタイプの微分方程式にはどういった解法を使うかを，表 2.1 にまとめた．本章では，**直接積分**，**変数分離**，**特性方程式**の各解法について，その概要をまとめ，第 3 章以降で具体的な問題を考える際のガイドとなるようにした．なお，**演算子法**と**べき級数法**については第 9 章で取り上げる．

表 2.1 微分方程式の解法による分類

	直接積分形	1 階	定数係数線形	変数係数線形	非線形	
直接積分法	◎	×	×	×	×	微分方程式が直接積分形のときのみ適用可能．
変数分離法	×	◎	△	△	△	変数分離法は，1 階なら形式を問わず適用可能．高階には適用不可．非線形微分方程式を一般に解く方法はないが，変数分離ならチャンスあり．
特性方程式	×	△	◎	×	×	定数係数線形なら 1 階でも特性方程式を使うべき．
演算子法	×	△	◎	×	×	演算子法は，定数係数非斉次線形微分方程式の特殊解を求める手法と位置づけられる．
べき級数法	×	▲	▲	◎	○	べき級数法でないと解けない微分方程式があり，代表格が変数係数．非線形微分方程式はべき級数法で近似的に解ける．

◎：最も適した解法
○：適用可能
△：条件により適用可能
▲：適用可能だが推奨しない
×：適用不可

2.2 直接積分

直接積分形の微分方程式

$$y^{(n)} = f(x) \tag{2.1}$$

$f(x)：x$ を引数とする任意の関数

直接積分形は，第1章の基準で分類すれば**定数係数非斉次線形微分方程式**である．しかし，それ以前に，右辺を1回 x で積分したものは $y^{(n-1)}$ だから，直接積分形の解法は，単に右辺を n 回積分するのみである．微分方程式のなかでも最もシンプルなのがこの形式である．

具体的に，どういった問題が直接積分の微分方程式になるかは第3章で考えるとして，ここではいくつかの例題を解いてみよう．

例題 2.1

一般解を求めなさい（ω は定数）．

(a) $y'' = 2x - 1$

(b) $y'' = \sin(\omega x)$

【解】 (C_1, C_2 は任意の定数)

(a) $y = \dfrac{x^3}{3} - \dfrac{x^2}{2} + C_1 x + C_2$

(b) $y = -\dfrac{1}{\omega^2}\sin(\omega x) + C_1 x + C_2$

n 階微分方程式の一般解には，n 個の積分定数が現れる点に注意しよう． ◆

2.3 変数分離法

2.3.1 変数分離とは

変数分離形の微分方程式

$$y' = X(x)Y(y) \tag{2.2}$$

$X(x)$：x を引数とする任意の関数

$Y(y)$：y を引数とする任意の関数

変数分離形の微分方程式は**変数分離法**によって解くことができる．$y' = X(x)Y(y)$ を $\dfrac{dy}{dx} = X(x)Y(y)$ と書き直し，y を含む項を左辺，x を含む項を右辺に移項する．ここで，形式的に $\dfrac{dy}{dx}$ を分数と考えると，次の変形が可能である．

$$\frac{1}{Y(y)}\,dy = X(x)\,dx \tag{2.3}$$

さらにこれを形式的に左辺を y で，右辺を x で 1 回積分する．

$$\int \frac{1}{Y(y)}\,dy = \int X(x)\,dx \tag{2.4}$$

両辺を積分した結果を，それぞれ $\int \dfrac{1}{Y(y)}\,dy = Q(y) + C_1$, $\int X(y)\,dx = p(x) + C_2$ （C_1, C_2 は任意の定数）とする．

$$Q(y) + C_1 = p(x) + C_2$$
$$y = Q^{-1}(p(x) + C) \tag{2.5}$$

ただし，Q^{-1} は Q の**逆関数**を表す．C_1, C_2 は任意の定数なので，$C_2 - C_1$ をまとめて C とした．

逆関数

x を引数にとる関数 $y = f(x)$ の逆関数は，y を引数にとり $f^{-1}(y)$ と書かれる．関数とその逆関数は

$$f^{-1}(f(x)) = x \tag{2.6}$$

の関係を満たす．例えば，自然対数の逆関数は指数関数である．
$$\exp\{\ln(x)\} = x \tag{2.7}$$

ここで，なぜ(2.3), (2.4)のような操作が可能なのか証明しておく．

【証明】 (2.2)の $Y(y)$ を左辺に移項，両辺を x で積分してもやはり等号は成立する．

$$\int \frac{1}{Y(y)} y' \, dx = \int X(x) \, dx \tag{2.8}$$

(2.8)の左辺は，置換積分の公式(→ 1.2.3項, p.11)を使えば以下のようになる．

$$\int \frac{1}{Y(y)} y' \, dx = \int \frac{1}{Y(y)} \, dy \tag{2.9}$$

証明終

証明に納得してしまえば，以降は形式的に「左辺を y, 右辺を x で積分する」と憶えておけばよい．

例題 2.2

一般解を求めなさい．
$$y' + 2xy = 0$$

【解】 (2.10)は以下のように変数分離できる．
$$\frac{1}{y} \, dy = -2x \, dx$$

左辺を y, 右辺を x で積分すると以下のようになる．
$$\ln|y| = -x^2 + C' \quad (C' は任意の定数)$$

これで，微分方程式は定義上は「解けた」ことになるが，物理や工学では $y = f(x)$ の形が知りたい問題が圧倒的に多い．そこで，$\ln|y|$ の逆関数をとり，$y = \cdots$ の形を得る．対数の逆関数は指数関数だから，両辺の指数をとる．
$$\exp\{\ln|y|\} = |y| = \exp(-x^2 + C')$$
$$\therefore \quad y = \pm e^{C'} e^{-x^2} \tag{2.10}$$

C' は任意定数だから，$\pm e^{C'}$ を任意定数 C とおいても構わない．

$$y = Ce^{-x^2} \tag{2.11}$$

これで $y=f(x)$ が得られた. ◆

2.3.2 変数分離形に変換できる微分方程式

一見すると変数分離形に見えない微分方程式も，変数を変換することにより変数分離形に変換できる場合がある．以下では，代表的なものについて具体例を挙げながら説明する．

階数の引き下げ

> **n 階微分と $(n-1)$ 階微分のみを含む微分方程式**
>
> $$y^{(n)} + p(x)y^{(n-1)} = f(x) \tag{2.12}$$
>
> $p(x), f(x)$：x を引数とする任意の関数

この形の微分方程式は，$y^{(n)}$ を u'，$y^{(n-1)}$ を u に変換することで 1 階微分方程式になる．これを**階数の引き下げ**とよぶ．

> **例題 2.3**
>
> 一般解を求めなさい（m, k は定数）．
>
> $$my'' = -ky' - mg$$

【解】 $u = y'$ とおくと微分方程式は変数分離できる．

$$mu' = -ku - mg$$

$$-\frac{m}{ku+mg}du = dx$$

変数分離法の手続きに従い，両辺を積分する．

$$-\int \frac{m/k}{u + (m/k)g}du = \int dx$$

$$-\frac{m}{k}\ln\left|u + \frac{m}{k}g\right| = x + C' \quad (C' \text{ は任意の定数})$$

両辺を $-(m/k)$ で割り，指数をとると u が求まる[†1]．

[†1] 今後は，(2.10) から (2.11) の変形を省略し，指数をとった時点で絶対値記号が外れるものと了解する．

$$u + \frac{m}{k}g = Ce^{-(k/m)x} \quad (C \text{ は任意の定数})$$

$$u = Ce^{-(k/m)x} - \frac{m}{k}g$$

u を y' に戻せば，これは **1 階直接積分形**の微分方程式である．y を求めるため，両辺を x で 1 回積分する．

$$y = C_1 e^{-(k/m)x} - \frac{m}{k}gx + C_2 \quad (C_1, C_2 \text{ は任意の定数}) \quad \blacklozenge$$

同次形微分方程式

> **同次形微分方程式**
>
> $$y' = f\left(\frac{y}{x}\right) \tag{2.13}$$
>
> $f\left(\dfrac{y}{x}\right)$：$\dfrac{y}{x}$ を引数とする任意の関数

この形の微分方程式を**同次形**とよぶ．同次形の微分方程式は，$y = xu(x)$ と変換することにより変数分離可能な形になる．

例題 2.4

一般解を求めなさい．

$$y' = \frac{x - y}{x + y}$$

【解】 右辺の分母と分子を x で割ると微分方程式は同次形になる．

$$y' = \frac{1 - y/x}{1 + y/x}$$

$y = xu(x)$ とおくと $y' = u + u'x$ より

$$u'x = -\frac{u^2 + 2u - 1}{u + 1}$$

となるので，変数分離法の手続きに従い，両辺を積分する．

$$-\int \frac{u + 1}{u^2 + 2u - 1} \, du = \int \frac{1}{x} \, dx$$

$$-\frac{1}{2} \ln |u^2 + 2u - 1| = \ln |x| + C' \quad (C' \text{ は任意の定数})$$

両辺の指数をとり，最後に $u = y/x$ を代入する．
$$x^2(u^2 + 2u - 1) = C \quad (Cは任意の定数)$$
$$y^2 + 2xy - x^2 = C$$
◆

2.4 特性方程式による解法（斉次形）

2.4.1 定数係数斉次線形微分方程式の基本解

定数係数斉次線形微分方程式の解

$$y = e^{\lambda x} \tag{2.14}$$

は，微分方程式

$$a_n y^{(n)} + a_{n-1} y^{(n-1)} + \cdots + a_0 y = 0 \tag{2.15}$$

の解である．ただし，λ は，定数 $a_1, a_2, \cdots, a_n$ を係数とする n 次方程式

$$a_n \lambda^n + a_{n-1} \lambda^{n-1} + \cdots + a_0 = 0 \tag{2.16}$$

の根の1つである．

(2.15)は，定数係数斉次線形微分方程式の一般的表現だから，上の定理は「定数係数斉次線形微分方程式の解は，積分せずとも求められる」といっていることになる．この性質は容易に証明できる．

【証明】 (2.14)を(2.15)に代入，整理すると

$$(a_n \lambda^n + a_{n-1} \lambda^{n-1} + \cdots + a_0) e^{\lambda x} = 0 \tag{2.17}$$

ところが，λ は

$$a_n \lambda^n + a_{n-1} \lambda^{n-1} + \cdots + a_0 = 0 \tag{2.18}$$

を満たすように選ばれているから，(2.17)の左辺はゼロになる．微分方程式に代入して右辺と左辺が等しくなる方程式は解だから，(2.14)は(2.15)の解であることが示された．　　　**証明終**

n 次方程式には，複素数まで含めれば n 個の根が存在することが知られている．重根が存在する可能性はあるが，それは後で考えよう．すると，定数係数斉次線形微分方程式には，λ の値が異なる自明な n 個の解

$$y_i = e^{\lambda_i x} \quad (i = 1, 2, \cdots, n) \tag{2.19}$$

があることになる．

ここで，はたして (2.19) は n 階線形微分方程式のすべての解を網羅しているのだろうか，という疑問が生じる．それに答えるために必要な，線形微分方程式の解についての性質を次項で解説する．

2.4.2 線形微分方程式の解の性質

微分方程式の特殊解 y_1 と y_2 があり，$y_1 = Cy_2$ を満たす定数 C が存在しないとき，y_1 と y_2 は**線形独立**であるいう．

―― **線形微分方程式の解の定理** ――

n 階線形微分方程式の，互いに線形独立な解 $y_1, y_2, \cdots$ について，以下の性質が成り立つ．

1. 互いに線形独立な解は n 個しか作れない．
2. $C_1 y_1 + C_2 y_2 + \cdots$（$C_1, C_2, \cdots$ は任意の定数）は微分方程式の解である．なお，解のこのような組み合わせを**線形結合**とよぶ．
3. 互いに線形独立な n 個の解を線形結合した以下の形は，その微分方程式の一般解である．
   $$y = C_1 y_1 + C_2 y_2 + \cdots + C_n y_n \quad (C_1, C_2, \cdots, C_n \text{ は任意の定数})$$
4. 線形微分方程式に特異解は存在しない．

n 階線形微分方程式の，互いに線形独立な n 個の解をその微分方程式の**基本解**とよぶ．定理 3 は，「線形微分方程式の一般解は基本解の線形結合で表される」といいかえてよい．

定理 1 から 4 は，**線形代数**という数学の一分野を使って証明できるが，本書ではその結果のみを使うにとどめる．ただ，イメージとして上の定理を理解するなら，n 次元空間の位置ベクトルを考えると易しいだろう．

n 次元空間には，互いに線形独立な n 個の**単位ベクトル**が定義できる．ベクトルの「線形独立」とは，n 個の単位ベクトルのどれもが，他の単位ベク

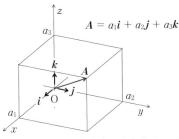

図 2.1 3次元空間の位置ベクトル A を単位ベクトル (i, j, k) の線形結合で表す.

トルの和と定数倍では表せないという意味である．図 2.1 のように，3次元デカルト座標なら，座標軸 (x, y, z) に沿った3つのベクトル i, j, k は単位ベクトルである．そして，i, j, k の組み合わせで表せない，4つ目の線形独立なベクトルは存在しない．裏を返せば，3次元空間の任意の位置ベクトルは，必ず i, j, k の線形結合で表せる．

　n 階微分方程式の解も同様で，n 個の基本解はどれも他の基本解の線形結合で表すことができない．n 階微分方程式の基本解は n 個しか存在できないから，どんな解でも基本解の線形結合で表すことができる．

　図 2.1 では，例として座標軸に平行で大きさが1の (i, j, k) を示したが，互いに平行でない任意の3個のベクトルは単位ベクトルになりうる．同様に，線形微分方程式の最も自然な基本解は (2.19) の n 個の指数関数だが，基本解はこれらに限られるわけではなく，互いに線形独立な解の組は基本解を構成する．

2.4.3　ロンスキー行列

　線形微分方程式の，いくつかの解の組が互いに線形独立かどうかを判定するのに便利なのが**ロンスキー行列式**である．微分方程式の解 $y_1, y_2, \cdots, y_i$ のロンスキー行列 $\mathbf{W}$ は[†2]

[†2] 本書では，行列は太字・立体のアルファベットで表記する．

$$W(y_1, y_2, \cdots, y_i) = \begin{pmatrix} y_1 & y_2 & \cdots, & y_i \\ y_1' & y_2' & \cdots, & y_i' \\ \vdots & \vdots & \ddots & \vdots \\ y_1^{(i-1)} & y_2^{(i-1)} & \cdots, & y_i^{(i-1)} \end{pmatrix} \quad (2.20)$$

と定義されている．そして，ロンスキー行列の行列式 W は**ロンスキアン**とよばれる．

ロンスキアンと解の独立性

$W(y_1, y_2, \cdots, y_i)$ のロンスキアンが恒等的にゼロにならなければ，y_1, $y_2, \cdots, y_i$ は互いに線形独立である．

例として，2個の解 y_1, y_2 の独立性を調べよう．ロンスキアンは以下の2行2列の行列式となる．

$$W(y_1, y_2) = \begin{vmatrix} y_1 & y_2 \\ y_1' & y_2' \end{vmatrix} = y_1 y_2' - y_2 y_1'$$

例題 2.5

$y_1 = e^{\lambda_1 x}$ と $y_2 = e^{\lambda_2 x} (\lambda_1 \neq \lambda_2)$ のロンスキアンを求め，互いに線形独立であることを示しなさい．

【解】
$$W = e^{\lambda_1 x} \lambda_2 e^{\lambda_2 x} - e^{\lambda_2 x} \lambda_1 e^{\lambda_1 x}$$
$$= (\lambda_2 - \lambda_1) e^{(\lambda_1 + \lambda_2) x}$$

$\lambda_1 \neq \lambda_2$ の条件より，ロンスキアンは恒等的にゼロではないので y_1 と y_2 は線形独立．　◆

2.4.4　特性方程式

定数係数斉次線形微分方程式

$$a_n y^{(n)} + a_{n-1} y^{(n-1)} + \cdots + a_0 y = 0 \quad (2.21)$$

があるとき，λ を変数とする以下の n 次方程式を，その**特性方程式**とよぶ．

$$a_n \lambda^n + a_{n-1} \lambda^{n-1} + \cdots + a_0 = 0 \quad (2.22)$$

今，λ_i を特性方程式の根とすれば，$e^{\lambda_i x}$ が微分方程式の解の1つであること

はすでに証明した．$\lambda_i \neq \lambda_j$ のとき $y_i = e^{\lambda_i x}$ と $y_j = e^{\lambda_j x}$ が互いに線形独立であることもまた証明したから，線形微分方程式の解の定理（→ 2.4.2 項，p.28）から，定数係数の n 階斉次線形微分方程式の一般解は次のように表せる．

定数係数斉次線形微分方程式の一般解（重根が存在しない場合）

1. 特性方程式を解き，n 個の異なる根を得る．これを $\lambda_1, \cdots, \lambda_n$ とする．
2. 微分方程式の一般解は
$$y = C_1 e^{\lambda_1 x} + C_2 e^{\lambda_2 x} + \cdots + C_n e^{\lambda_n x} \tag{2.23}$$
($C_1, C_2, \cdots, C_n$ は任意の定数)

であり，これがすべての可能な解を表すことが保証される．

---

n 次方程式の根の数が n 個であることは，n 階線形微分方程式の互いに線形独立な解が n 個しかないことに対応している．

例題 2.6

一般解を求めなさい．
$$y'' - y' - 2y = 0$$

【解】 特性方程式は以下の通り．
$$\lambda^2 - \lambda - 2 = 0$$
因数分解して解を求めると，
$$(\lambda + 1)(\lambda - 2) = 0$$
$$\therefore \; \lambda_1 = -1, \; \lambda_2 = 2$$
を得る．したがって一般解は，以下のようになる．
$$y = C_1 e^{-x} + C_2 e^{2x}$$
◆

特性方程式の根が複素数になる場合でも，この方法で問題なく一般解が求められる．この場合は，**オイラーの公式**を使い，複素数の指数関数を三角関数に変換するのが普通である．これについては第 6 章で詳しく取り扱おう．

ところが，特性方程式が重根をもつ場合，この方法では n 個の線形独立

な解を作ることができない．特性方程式が重根をもつ場合の線形微分方程式の解法を次に述べる．

2.4.5 特性方程式の重根

微分方程式が

$$y'' + 2y' + y = 0 \tag{2.24}$$

のとき，特性方程式は

$$\lambda^2 + 2\lambda + 1 = 0 \tag{2.25}$$

となって，根は $\lambda = -1$ の重根となる．すると，前項の方法では 2 個の線形独立な基本解が作れない．では，(2.24) の微分方程式は 1 個の積分定数ですべての解が表されるかというと，そうではない．2.4.2 項 (p.28) の「解の定理」はすべての線形微分方程式について成り立つので，何とかしてもう 1 つの基本解をひねり出す必要がある．

定数係数斉次線形微分方程式の基本解（重根が存在する場合）

特性方程式が重根をもつとき，y_1 が微分方程式の解なら xy_1 もまた微分方程式の解である．特性方程式が m 重根をもつなら，$xy_1, x^2y_1, \cdots, x^{m-1}y_1$ もまた解である．これらの解は互いに線形独立なので，基本解を構成する．

上述の定理の，一般的な場合における証明は省略する．具体例として (2.24) の微分方程式を解こう．

例題 2.7
(2.24) の微分方程式の一般解を求めなさい．

【解】特性方程式の根は $\lambda = -1$（重根）だから，微分方程式の基本解は e^{-x} と xe^{-x} である．したがって，一般解は以下の通り．

$$\begin{aligned} y &= C_1 e^{-x} + C_2 x e^{-x} \\ &= (C_1 + C_2 x) e^{-x} \quad (C_1, C_2 \text{ は任意の定数}) \end{aligned} \tag{2.26}$$

◆

(2.26)が(2.24)の解かどうかは，一見しただけではわからない．しかし，代入してみればすぐわかる．これは章末問題としておこう．

e^{-x} と xe^{-x} が線形独立であることを確認するため，ロンスキアンを計算してみよう．

$$W = e^{-x}(e^{-x} - xe^{-x}) + e^{-x}xe^{-x}$$
$$= e^{-2x}$$

ロンスキアンは恒等的にゼロではないので，e^{-x} と xe^{-x} は線形独立である．そして，2個の基本解（互いに線形独立な解）に任意定数を掛けて足した解は，2階線形微分方程式の一般解なので，確かに(2.26)は(2.24)の一般解である．

2.5 特性方程式による解法（非斉次形）

2.5.1 非斉次線形微分方程式の一般解

─ 非斉次線形微分方程式の一般解 ─

非斉次線形微分方程式
$$a_n y^{(n)} + a_{n-1} y^{(n-1)} + \cdots + a_0 y = f(x) \tag{2.27}$$
の一般解は，右辺をゼロとした斉次形微分方程式
$$a_n y^{(n)} + a_{n-1} y^{(n-1)} + \cdots + a_0 y = 0 \tag{2.28}$$
の一般解に，(2.27)の特殊解を加えたものである．

【証明】(2.28)の一般解を y_g，(2.27)の特殊解を y_s とする．$y_g + y_s$ を (2.27)に代入すると，

$$a_n(y_g + y_s)^{(n)} + a_{n-1}(y_g + y_s)^{(n-1)} + \cdots + a_0(y_g + y_s) = f(x)$$
$$\{a_n y_g^{(n)} + a_{n-1} y_g^{(n-1)} + \cdots + a_0 y_g\}$$
$$+ \{a_n y_s^{(n)} + a_{n-1} y_s^{(n-1)} + \cdots + a_0 y_s\} = f(x) \tag{2.29}$$

を得る．ここで，y_g は斉次形の一般解だから

$$a_n y_{\mathrm{g}}^{(n)} + a_{n-1} y_{\mathrm{g}}^{(n-1)} + \cdots + a_0 y_{\mathrm{g}} = 0 \qquad (2.30)$$

が成り立ち，y_{s} は非斉次形の特殊解だから

$$a_n y_{\mathrm{s}}^{(n)} + a_{n-1} y_{\mathrm{s}}^{(n-1)} + \cdots + a_0 y_{\mathrm{s}} = f(x) \qquad (2.31)$$

が成り立つ．したがって(2.29)の左辺は $f(x)$ となり，$y_{\mathrm{g}} + y_{\mathrm{s}}$ が(2.27)の解であることが示された．また，y_{g} は n 個の任意定数を含んでいるから，$y_{\mathrm{g}} + y_{\mathrm{s}}$ はこの微分方程式の一般解であることが保証される． **証明終**

このようにして，定数係数非斉次線形微分方程式は，斉次形の解法に「非斉次形の特殊解を求める」作業を追加すれば解けることがわかった．

次に，非斉次線形微分方程式の特殊解を求める，代表的な2つのテクニックについて学ぼう．

2.5.2 未定係数法

例えば，微分方程式が

$$y'' + 2y' + y = x^2 \qquad (2.32)$$

であるとき，「y とその微分を足したものがべき関数なのだから，y もまたべき関数だろう」と考えるのが **未定係数法** である．何だかいい加減な解法だが，これでほとんどの場合うまくいく．議論を定数係数，2階以下の微分方程式に限定して，よく登場する3種類のパターンについて具体的に考える．

べき関数

微分方程式は

$$a_2 y'' + a_1 y' + a_0 y = k x^n \quad (k \text{ は定数}) \qquad (2.33)$$

である．このとき，解として

$$y_{\mathrm{s}} = A_n x^n + A_{n-1} x^{n-1} + \cdots + A_0 \quad (A_0, A_1, A_2 \cdots A_n \text{ は定数}) \qquad (2.34)$$

を試す．なぜなら，(2.33)の右辺は n 次のべき関数で，べき関数の微分はより次数の低いべき関数だからである．後は，(2.33)を満たす $A_0, A_1, A_2 \cdots A_n$ を見つければ微分方程式の特殊解が求められる．そして，それは3元連立方程式である．具体例を解いてみよう．

例題 2.8

特殊解を求めなさい（k は定数）．
$$y'' + y' + y = kx^2$$

【解】 特殊解を
$$y_s = A_2 x^2 + A_1 x + A_0$$
と仮定，微分方程式に代入すると
$$2A_2 + 2A_2 x + A_1 + A_2 x^2 + A_1 x + A_0 = kx^2$$
を得る．x のべきごとに右辺と左辺を等値すると
$$A_2 = k$$
$$2A_2 + A_1 = 0$$
$$2A_2 + A_1 + A_0 = 0$$
となる．これらは A_0, A_1, A_2 の連立方程式になっていて，解くと，
$$A_2 = k, \quad A_1 = -2k, \quad A_0 = 0$$
を得る．したがって，微分方程式の特殊解は
$$y_s = kx^2 - 2kx$$
となる．微分方程式に代入し，解になっていることを確認すること． ◆

三角関数

微分方程式は
$$a_2 y'' + a_1 y' + a_0 y = k_1 \cos(\omega t) + k_2 \sin(\omega t) \quad (k_1, k_2, \omega \text{ は定数})$$
である．このとき，解として
$$y_s = A \cos(\omega t) + B \sin(\omega t) \quad (A, B \text{ は定数})$$
を試す．なぜなら，sin の微分は cos, cos の微分は $-\sin$ になるからである．具体例を解いてみよう．

例題 2.9

特殊解を求めなさい．
$$y'' - y' - 2y = 5\sin(2x)$$

【解】 特殊解を
$$y_s = A\cos(2x) + B\sin(2x)$$
と仮定，微分方程式に代入すると
$$\{-4A\cos(2x) - 4B\sin(2x)\} - \{-2A\sin(2x) + 2B\cos(2x)\}$$
$$-2\{A\cos(2x) + B\sin(2x)\} = 5\sin(2x)$$
となる．$\cos(2x)$ と $\sin(2x)$ の係数を右辺と左辺で等値すると
$$-6A - 2B = 0$$
$$2A - 6B = 5$$
で，この A, B の連立方程式を解くと
$$A = \frac{1}{4}, \quad B = -\frac{3}{4}$$
を得る．したがって，微分方程式の特殊解は
$$y_s = \frac{1}{4}\cos(2x) - \frac{3}{4}\sin(2x)$$
となる．微分方程式に代入し，解になっていることを確認すること． ◆

指数関数

微分方程式は
$$a_2 y'' + a_1 y' + a_0 y = ce^{kx} \quad (c, k \text{ は定数}) \tag{2.35}$$
である．右辺が指数関数のときは，その指数関数が斉次形の一般解と重複しているか，していないかで試みる関数が異なる．右辺の指数関数の，x の係数 k が特性方程式の λ_1, λ_2 とも一致しないときは，解として
$$y_s = Ae^{kx} \quad (A \text{ は定数}) \tag{2.36}$$
を試す．なぜなら，指数関数は何度微分しても e^{kx} が現れるからである．具体例を解いてみよう．

例題 2.10
特殊解を求めなさい（c は定数）．
$$y'' + 2y' - 3y = ce^{2x} \tag{2.37}$$

【解】 特性方程式
$$\lambda^2 + 2\lambda - 3 = 0$$
の根は $\lambda_1 = -3, \lambda_2 = 1$ である．(2.37)右辺の x の係数は2であるので，λ_1, λ_2 とも一致しない．よって，特殊解を
$$y_s = Ae^{2x} \quad (A \text{ は定数})$$
と仮定，微分方程式に代入すると
$$4Ae^{2x} + 2 \cdot 2Ae^{2x} - 3Ae^{2x} = ce^{2x}$$
を得る．両辺を e^{2x} で割ると
$$A = \frac{c}{5}$$
を得る．したがって，微分方程式の特殊解は
$$y_s = \frac{c}{5}e^{2x}$$
である．微分方程式に代入し，解になっていることを確認すること． ◆

k が特性方程式の λ_1 か λ_2 に一致するときは，解として
$$y_s = cxe^{kx} \tag{2.38}$$
を試す．これは，特性方程式の根が重根となったときと同様の考え方である．具体例を解いてみよう．

例題 2.11

特殊解を求めなさい（c は定数）．
$$y'' + 2y' - 3y = ce^x \tag{2.39}$$

【解】 特性方程式
$$\lambda^2 + 2\lambda - 3 = 0$$
の根は $\lambda_1 = -3, \lambda_2 = 1$ である．(2.39)右辺の x の係数は1であるので，λ_2 と一致している．よって，特殊解を
$$y_s = Axe^x \quad (A \text{ は定数})$$
と仮定，微分方程式に代入すると
$$(2Ae^x + Axe^x) + 2(Ae^x + Axe^x) - 3Axe^x = ce^x$$

を得る．両辺を e^x で割り，定数項と x の係数を右辺と左辺で等値すると
$$2A + 2A = c$$
$$Ax + 2Ax - 3Ax = 0$$
よって
$$A = \frac{c}{4}$$
を得る．したがって，微分方程式の特殊解は
$$y_s = \frac{c}{4} x e^x$$
となる．微分方程式に代入し，解になっていることを確認すること． ◆

特性方程式の根が重根 λ で，かつ k が λ に一致するときは，解として
$$y_s = Ax^2 e^{kx} \quad (A \text{ は定数}) \tag{2.40}$$
を試す．具体例は章末問題としておいた．

右辺の関数がべき関数，三角関数，指数関数の和のときは，2.4.2項の定理3, **解の線形結合**(→ p.28)を利用して，上記の解法を組み合わせればよい．

2.5.3 定数変化法

未定係数法による特殊解の見つけ方は，試行錯誤ともいえる方法でスマートではない．ただし，ほとんどの問題で非斉次項 $f(x)$ はべき関数，三角関数，指数関数のいずれかだから，パターンさえ覚えてしまえば楽なのは間違いない．

一方，本項で学ぶのは，$f(x)$ がどんな関数でも，係数が変数でも，原理的には非斉次形の特殊解が求まる**定数変化法**である．

本書では，議論を定数係数に限定する．すると，解くべきは2階定数係数非斉次線形微分方程式
$$y'' + a_1 y' + a_0 y = f(x) \tag{2.41}$$
である．2階微分の係数が1だが，これが任意の定数 a_2 でも，両辺を a_2 で割れば同じなので一般性は失われない．

2.5 特性方程式による解法（非斉次形）

初めに，(2.41) の斉次形

$$y'' + a_1 y' + a_0 y = 0 \tag{2.42}$$

の基本解を y_1, y_2 とする．続いて，(2.41) の解を次のように表すことを試みる．

$$y_s = A_1(x) y_1 + A_2(x) y_2 \tag{2.43}$$

微分方程式が斉次形なら，基本解に定数を掛けて足したものもやはり解である．しかし，右辺が $f(x)$ だから，基本解に x の関数を掛けて足すことで微分方程式が満足されるだろう，と予想するのが定数変化法である．以降は (x) を省略するが，今までと異なり A_1, A_2 は x の関数であることを忘れないようにしよう．

(2.43) が (2.41) を満足するよう A_1, A_2 を決めるわけだが，2 つの変数を決めたいのに条件式が (2.41) の 1 つしかない．そこで，もう 1 つ，以下の条件を課す．

$$A_1' y_1 + A_2' y_2 = 0 \tag{2.44}$$

次に，(2.43) を x で微分，(2.44) の関係を使うと

$$\begin{aligned} y_s' &= A_1' y_1 + A_1 y_1' + A_2' y_2 + A_2 y_2' \\ &= A_1 y_1' + A_2 y_2' \end{aligned} \tag{2.45}$$

$$y_s'' = A_1' y_1' + A_1 y_1'' + A_2' y_2' + A_2 y_2'' \tag{2.46}$$

を得る．次に，(2.45)，(2.46) を (2.41) に代入すると

$$A_1' y_1' + A_1 y_1'' + A_2' y_2' + A_2 y_2'' + a_1 (A_1 y_1' + A_2 y_2') + a_0 (A_1 y_1 + A_2 y_2) = f(x) \tag{2.47}$$

となり，A_1, A_2 でまとめると

$$A_1 (y_1'' + a_1 y_1' + a_0 y_1) + A_2 (y_2'' + a_1 y_2' + a_0 y_2) + A_1' y_1' + A_2' y_2' = f(x) \tag{2.48}$$

となる．y_1, y_2 は斉次形の解だから，(2.42) より

$$y_i'' + a_1 y_i' + a_0 y_i = 0 \quad (i = 1, 2) \tag{2.49}$$

で，前半の 2 項は消えるから，残るのは

$$A_1' y_1' + A_2' y_2' = f(x) \tag{2.50}$$

である．

最後に，(2.44)と(2.50)を連立方程式として解けば，A_1', A_2' が一意に決まる．

$$A_1' = \frac{y_2 f(x)}{y_2 y_1' - y_1 y_2'} \tag{2.51}$$

$$A_2' = \frac{y_1 f(x)}{y_1 y_2' - y_2 y_1'} \tag{2.52}$$

ここで，$y_1 y_2' - y_2 y_1'$ が，y_1 と y_2 の線形独立性を吟味するロンスキー行列式になっていることに注意しよう．これを W とおく．後は，A_1', A_2' をそれぞれ x で1回積分すれば，A_1, A_2 を得る．

定数変化法による特殊解の求め方をまとめておこう．

定数変化法

微分方程式を $y'' + a_1 y' + a_0 = f(x)$ とする．
Step 1：斉次形 $y'' + a_1 y' + a_0 = 0$ を解いて，基本解 y_1, y_2 を得る．
Step 2：y_1, y_2 のロンスキアン W を求める．

特殊解は，$y_s = A_1(x) y_1 + A_2(x) y_2$ である．ここで，$A_1(x), A_2(x)$ は

$$A_1(x) = -\int \frac{y_2 f(x)}{W} dx \tag{2.53}$$

$$A_2(x) = \int \frac{y_1 f(x)}{W} dx \tag{2.54}$$

で求められる．

最後に，$y = A_1 y_1 + A_2 y_2$ が(2.41)の解であることを確認する．

【証明】 $y = A_1 y_1 + A_2 y_2$ を(2.41)に代入する．すると，(2.45)，(2.46)から(2.49)を経て，(2.50)を得る．ここに，$A_1' = -y_2 f(x)/W$, $A_2' = y_1 f(x)/W$ を代入すれば，左辺は

$$-\frac{y_2 f(x)}{W} y_1' + \frac{y_1 f(x)}{W} y_2' \tag{2.55}$$

で，$W = y_1 y_2' - y_2 y_1'$ であることを思い出せば，最終的に左辺には $f(x)$ が残る．したがって，$y = A_1 y_1 + A_2 y_2$ が微分方程式の解であることを示せた．

証明終

例題 2.12

定数変化法で特殊解を求めなさい（c は定数）．
$$y'' + 2y' - 3y = ce^{2x} \tag{2.56}$$

【解】 特性方程式
$$\lambda^2 + 2\lambda - 3 = 0$$
の根は $\lambda_1 = -3$, $\lambda_2 = 1$ であり，基本解は $y_1 = e^{-3x}, y_2 = e^x$ となる．したがって，ロンスキアンは
$$W(y_1, y_2) = \begin{vmatrix} e^{-3x} & e^x \\ -3e^{-3x} & e^x \end{vmatrix} = 4e^{-2x}$$
である．ここから A_1, A_2 は
$$A_1 = -\int \frac{e^x c e^{2x}}{4e^{-2x}} dx = -\frac{c}{4}\int e^{5x} dx = -\frac{c}{20} e^{5x}$$
$$A_2 = \int \frac{e^{-3x} c e^{2x}}{4e^{-2x}} dx = \frac{c}{4}\int e^x dx = \frac{c}{4} e^x$$
と求められ，(2.56) の特殊解は
$$y_s = -\frac{c}{20} e^{5x} e^{-3x} + \frac{c}{4} e^x e^x = \frac{c}{5} e^{2x}$$
と求められた．問題は例題 2.10（→ p.36）と同じなので，解が同じであることを確認すること． ◆

2.6 非線形微分方程式

非線形の微分方程式を解く一般的な手法は存在しない．しかし，特定の非線形微分方程式はその解法が知られている．以下の**ベルヌーイ**[†3]**の微分方**

[†3] ヤコブ・ベルヌーイ：17 世紀スイスの数学者．著名な学者一族の 1 人で，流体力学における「ベルヌーイの定理」は甥ダニエルの業績．

程式のように，重要な非線形微分方程式にはそれを研究した科学者の名前がつけられることが多い．

ベルヌーイの微分方程式

$$y' + p(x)\,y = q(x)\,y^n \tag{2.57}$$

$p(x), q(x) : x$ を引数とする任意の関数

この形の微分方程式を「ベルヌーイの微分方程式」とよぶ．n が 0, 1 の場合は線形だが，$n \geq 2$ でベルヌーイの微分方程式は非線形である．

非線形のベルヌーイの微分方程式は，以下の手続きにより線形化して解くことができる．まず，両辺を y^n で割る．

$$y'y^{-n} + p(x)\,y^{1-n} = q(x) \tag{2.58}$$

$u = y^{1-n}$ とおくと，$u' = (1-n)y^{-n}y'$ であるから，ベルヌーイの微分方程式は以下の線形微分形方程式となる．

$$\frac{1}{1-n}u' + p(x)\,u = q(x) \tag{2.59}$$

後はこの式を解いて u を求め，$u = y^{1-n}$ を y に逆変換すれば $y = f(x)$ が得られる．

他にも，有名な非線形微分方程式はたくさんあるが，本章ではこれくらいにしておこう．

章 末 問 題

2.1 一般解を求めなさい．ω は定数である．
 (a) $y' = x - 1$
 (b) $y' = \sin(\omega x)$
 (c) $y'' = \cos(\omega x)$

(d) $y''' = \cos(\omega x)$

(e) $y'' = 4x^3 + e^x - 3$

(f) $y' = \dfrac{1}{x} - 2$

(g) $y' = \tan x$

(h) $y' = \ln x$

(i) $y' + 2x^2 y = 0$

(j) $y' + 2xy^2 = 0$

(k) $y' - 2x^2 y^2 = 0$

(l) $y' + e^x y = 0$

(m) $y' + \sin(\omega x)\, y = 0$

(n) $y' - \dfrac{y}{\sin x} = 0$

(o) $y' + \tan(x)\, y = 0$

(p) $y' + \ln(x)\, y = 0$

2.2 括弧で示した変数変換を用いた「階数の引き下げ」を使って，一般解を求めなさい．

(a) $y'' - y' = 0 \quad [u = y']$

(b) $y''' - y'' = 0 \quad [u = y'']$

2.3 一般解を求めなさい．

(a) $y' + \dfrac{x^2 - y^2}{2xy} = 0$

(b) $y' - \dfrac{2xy}{x^2 - y^2} = 0$

(c) $xy' - y - \sqrt{x^2 + y^2} = 0$

2.4 $y_1 = x$ と $y_2 = 2x$ が互いに線形独立かどうかを判定しなさい．

2.5 一般解を求めなさい．

(a) $y'' + 2y' - 3y = 0$

(b) $y'' + 2y' - 7y = 0$

(c) $y'' + 2y' + 5y = 0$

2.6 (2.26)が(2.24)の解であることを示しなさい．

2.7 未定係数法で特殊解を求めなさい．

(a) $y'' + y' + y = 2x$

(b) $y'' + y' + y = 3\sin(2x)$

(c) $y'' + 2y' - 3y = 3e^{2x}$

(d) $y'' + 2y' - 3y = 2e^x$

(e) $y'' - 2y' + y = 2e^x$

(f) $y'' - 3y' + 2y = 4x + e^{3x}$

3 直接積分形微分方程式

本章からは，微分方程式を実際に「活用する」ことを主眼とした内容に移る．ニュートンは，物体にはたらく力と運動の観測結果から**運動の法則**を導いた．これは，時刻を独立変数，物体の位置を従属変数とした2階微分方程式である．解けば，未来の運動を予言することができる．そして，法則が正しい限り[†1]，その予言が外れることは決してない．

ところが，微分方程式を用いた問題の解法において，「解く」ことと同じくらい難しいのが，その前段階と後段階の作業なのである．運動の法則を例にとれば，ある特定の問題が「運動の法則」とどう関連づけられるのかを見極め，それを適切な微分方程式でおきかえることは単純な作業ではない．そして，問題で設定された条件を適切な「初期条件」または「境界条件」に翻訳し，解の任意定数を決める作業には，微分方程式の解法とは異なる難しさがある．

本章では，微分方程式としては最も単純な「直接積分形」を扱う．しかし，以降の章でも共通の課題である「微分方程式を立てる」ことと，「問の条件を満たす特殊解を決定する」ことを内容の主眼に据える．

3.1 直接積分形の微分方程式

直接積分形の微分方程式

$$y^{(n)} = f(x) \tag{3.1}$$

$f(x) : x$ を引数とする任意の関数

[†1] すべての法則には適用範囲がある．適用範囲外でも法則が正しいかどうかは保証されない．

直接積分形の微分方程式は，$y^{(n)}$と，xの任意の関数を等号で結ぶ微分方程式である．したがって，直接積分形のn階微分方程式は，単純に$f(x)$をn回積分することによって解かれる．

一方，法則が直接積分形の微分方程式で与えられる現象はそれほど多くない．自然界は，むしろ，「変化率$y^{(n)}$が物理量yの大きさに関係する」ような法則に従うことが多いからだ．

しかし，この世の 理(ことわり) を表す最も重要な法則の1つである**ニュートンの運動の法則**が，ある種の問題では直接積分形の微分方程式で記述される．その代表が**自由落下運動**である．

3.2 運動の法則

ニュートンが発見した**運動の3法則**は，第1法則が**慣性の法則**，第2法則を記述したものが**運動方程式**，そして第3法則が**作用‐反作用の法則**とよばれている．それぞれは，残りの2つを説明するために必要で重要な概念なのだが，今は「運動方程式」に注目しよう．

運動方程式

質点（質量をもち，大きさが無視できる物体）に加えられる力$\boldsymbol{F}$は，質点の質量mと質点の加速度$\boldsymbol{a}$の積に等しい．

$$\boldsymbol{F} = m\boldsymbol{a} \tag{3.2}$$

$\boldsymbol{F}$：質点に加えられる力 [N]

m：質点の質量 [kg]

$\boldsymbol{a}$：質点の加速度 [m/s^2]

本来は図3.1のように力と加速度はベクトル量だが，今は1次元の運動のみを考える．

図3.2のように，1次元の座標軸xを考える．ある時刻に，質点はx軸上のどこかにいるから，これは関数$x = f(t)$である．このとき，質点の速度

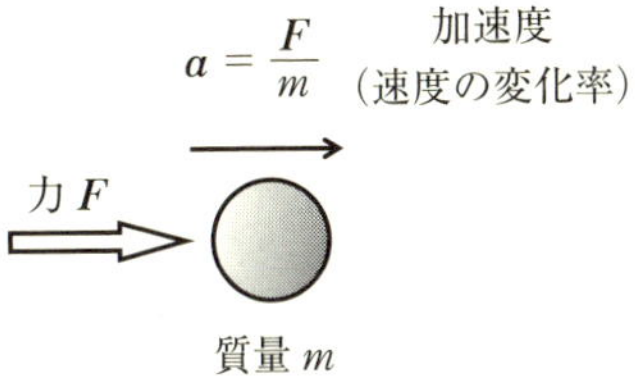

3.2 運動の法則　47

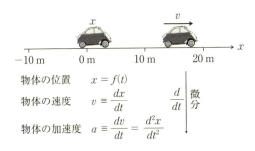

図 3.1　質点に加えられる力，加速度および質量の関係

図 3.2　1次元の運動，$x = f(t)$ における速度，加速度の定義

v，加速度 a が以下のように定義される．

--- **1次元の速度・加速度** ---

$$\text{速度 [m/s]}: v = \frac{dx}{dt} \tag{3.3}$$

$$\text{加速度 [m/s}^2\text{]}: a = \frac{dv}{dt} = \frac{d^2x}{dt^2} \tag{3.4}$$

さてここで，時間の関数の微分において慣習的に使われる表記法について学ぶ．時間を独立変数とする1変数関数においては，1階微分は変数の上にドットを1つ，2階微分はドットを2つつける．これは，ニュートンによって初めて用いられた記法で，現代でもよく使われる．本書でも以降は時間微分についてはドット記法を使おう．

--- **時間微分のニュートン記法** ---

関数 $y = f(t)$ の時間微分：

$$\frac{dy}{dt} = \dot{y}$$

$$\frac{d^2y}{dt^2} = \ddot{y}$$

※一般に，3階以上の時間微分を考える問題は少ないので，$\dddot{y}$ はまず使わない．

運動方程式は，加速度，すなわち位置の時間による2階微分と，力と質量の関係式である．質点の運動を考えるとき，質量 m は変化しない場合が多いのでこれは定数である[†2]．したがって，力が時間の関数 $F(t)$ で与えられるとすれば，これは**直接積分形の2階定数係数非斉次線形微分方程式**になる．

運動の法則から導かれる直接積分形の微分方程式

$$m\ddot{x} = F(t) \tag{3.5}$$

m ：質点の質量 [kg]

x ：質点の位置 [m]

$F(t)$：質点にはたらく力 [N]

以下の各項で，運動方程式が直接積分形になる具体的な問題を考えよう．

3.2.1 自由落下運動

初めに，最も単純な**自由落下運動**を考える．地表近くにあるあらゆる物体は，質量に比例した鉛直下向きの力を感じる．これは，地球との間の**万有引力**である．比例定数は**重力加速度**とよばれ，記号 g で表す．

$$F = mg \tag{3.6}$$

ニュートンの運動の法則によれば，力がはたらいている物体は加速するはずである．ところが，我々の周りの物体はほとんどが静止している．静止している物体にも重力ははたらいているから，この場合は「重力につり合う力がはたらいている」と考えなくてはならない（図3.3）．一方，物体を持ち

[†2] 質量が変化する問題の代表，ロケットの運動は4.4節（→ p.64）で取り扱う．

上げて静かに離せば，物体には重力以外にはたらく力がなくなり，加速度運動を始める．

具体的な運動の問題を解くとき，最初に行うべきは座標系の決定である．設定された状況では，物体は鉛直方向に運動する．したがって，鉛直上向きに y 軸をとり，地上の高さを原点とする．運動方程式は以下のようになる．

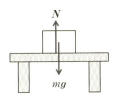

図 3.3 静止している物体には重力とつり合う力がはたらいている．

$$m\ddot{y} = -mg \tag{3.7}$$

力学においては，微分方程式を解き，初期条件を与えて任意定数を含まない $y = f(t)$ を求める（任意の時刻 t において y がわかるようにする）ことを「運動を決定する」という．

> 例題 3.1
>
> 地上からの高さ y_0 の位置から，時刻ゼロで質量 m の物体を静かに離す．その後の物体の運動を決定しなさい．重力加速度の大きさを g として，運動に伴う空気抵抗は考えない．

【解】運動方程式は (3.7) で，これは直接積分形だから簡単に解ける．一般解は

$$y = -\frac{g}{2}t^2 + C_1 t + C_2 \quad (C_1, C_2 \text{は任意の定数}) \tag{3.8}$$

である．

「時刻ゼロで静かに離した」というのが初期条件である．数式で表せば $t = 0$ において $y = y_0$, $\dot{y} = 0$ である．(3.8) に $t = 0$, $y = y_0$ を代入すれば，$C_2 = y_0$ を得る．

続いて，(3.8) を時間で 1 回微分して

$$\dot{y} = -gt + C_1 \quad (C_1 \text{は任意の定数})$$

に $t = 0$, $\dot{y} = 0$ を代入する．すると $C_1 = 0$ を得る．したがって，決定された運動は

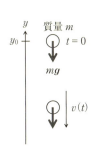

図 3.4 自由落下運動

50   3 直接積分形微分方程式

$$y = -\frac{g}{2}t^2 + y_0$$

である. ◆

運動が決定されれば，例えば「地上まで落下するのにかかる時間」や，「地上における速さ」など，運動に関するあらゆることが予言できる．かのガリレオ・ガリレイがピサの斜塔で証明したように[†3]，自由落下する物体の運動はその質量によらないこともまたわかる．

ここまでの，解答に至るプロセスを図で表したものを図 3.5 に示す．どん

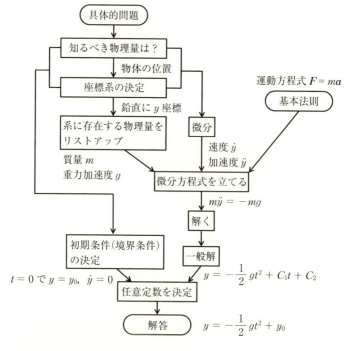

図 3.5 与えられた問題を，基本法則と初期条件を当てはめて解くプロセス

---

†3 どうやら後世の作り話らしいが．

な問題でも，微分方程式で表された基本法則と与えられた具体的な問題から，解となる関数を決定するプロセスは基本的に変わらない．

3.2.2 投げ上げ運動

運動方程式において，当たり前だが大変重要な性質がある．それは，「物体が受ける力が同じなら，運動方程式は同じ」ということである．次に考える問題は鉛直方向への投げ上げ運動だが，物体にはたらく力はやはり重力のみである．したがって，運動方程式は先に考えた自由落下と同じとなる．異なるのは単に初期条件のみである．

> **例題 3.2**
>
> 時刻ゼロで，ある場所からボールを鉛直上向きに投げ上げる．高さ h にあるリングを時刻 t_1 で上向きに，時刻 t_2 で下向きに通過するようにしたい．投げ上げる位置 y_0 とその初速度 v_0 を求めなさい．重力加速度の大きさを g として，運動に伴う空気抵抗は考えない．

【解】 運動は重力下の1次元の運動だから，運動方程式は(3.7)で表される．したがって一般解は同じく(3.8)となる．一般に，一定の加速度 a で運動する物体の運動方程式の一般解は，$y = at^2/2 + C_1 t + C_2$ (C_1, C_2 は定数) となる．この程度なら暗記してしまってもよいだろう．

また，本問は，時刻 t_1 と t_2 で y が定まっており，$\dot{y}$ は定まっていないので境界値問題である．境界条件を代入すれば，C_1, C_2 についての連立方程式を得る．

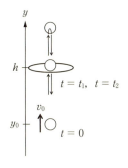

図 3.6 指定された時刻に 2 回リングをくぐる投げ上げ運動

$$h = -\frac{g}{2} t_1^2 + C_1 t_1 + C_2$$

$$h = -\frac{g}{2} t_2^2 + C_1 t_2 + C_2$$

これを解いて

$$C_1 = \frac{g}{2}(t_1 + t_2)$$

$$C_2 = h - \frac{g}{2}t_1 t_2$$

を得る．したがって，運動は

$$y = -\frac{g}{2}t^2 + \frac{g}{2}(t_1 + t_2)t + h - \frac{g}{2}t_1 t_2 \tag{3.9}$$

である．

これで運動は決定されたが，まだ問題には答えていない．時刻ゼロにおける位置，速度を知る必要がある．y_0 は (3.9) に $t=0$ を代入して $h - (gt_1 t_2/2)$，v_0 は (3.9) を 1 回微分，時刻ゼロを代入して $g(t_1 + t_2)/2$ を得る． ◆

3.2.3 空気噴射ロケット

最後に，時間変化する力を受ける運動の例として，**ロケットの運動**を考えよう．ロケットとは，自らの質量の一部を高速のガスとして後方に噴射し，その反作用で進む運動体であり，宇宙工学の主要なテーマの 1 つである．

ここで，ロケットの運動に特有の，「噴射に伴い自身の質量が変わる」という運動形態が問題を難しくしている．ただし，噴射ガスの総量が機体に比べ充分軽ければ質量の変化は無視できて，問題は「時間の関数で変化する力によって運動する一定の質量をもつ物体」と近似できる．噴射に伴う質量変化を考えたロケットの運動は第 4 章で扱おう．

例題 3.3

図 3.7 のように，タンクに溜めた圧縮空気で飛ぶロケットを作った．ロケットの推力 (鉛直上向きの力) はタンクの内圧で決まり，圧力は徐々に下がっていくので，推力の時間変化は

$$F(t) = F_0 e^{-\frac{t}{\tau}} \tag{3.10}$$

F_0：時刻ゼロの推力 [N]

τ：時定数 [s]

で近似される．ロケットは質量 m で，$y = 0$ の位置で静止状態にあり，時刻ゼロで噴射を開始し，鉛直上向きに運動を始めた．ロケットの運動を決定しなさい．空気は軽いため，噴射に伴うロケットの質量変化は無視できる．重力加速度の大きさを g として，運動に伴う空気抵抗は考えない．

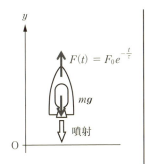

図 3.7 空気を噴射して上昇するロケット

【解】 運動方程式は

$$m\ddot{y} = F_0 e^{-\frac{t}{\tau}} - mg$$

となる．一見複雑だが，これも直接積分形なので，2 回積分すれば y を得る．

$$y = \frac{F_0 \tau^2}{m} e^{-\frac{t}{\tau}} - \frac{g}{2} t^2 + C_1 t + C_2 \quad (C_1, C_2 \text{は任意の定数}) \quad (3.11)$$

$t = 0$ において $y = 0$, $\dot{y} = 0$ が初期条件である．ここで注意しなくてはならないのは，指数関数は t にゼロを入れてもゼロにならない点である．$e^0 = 1$ は，ベテランでもたまに間違えるのでここで念を押しておく．

(3.11) を時間で 1 回微分して

$$\dot{y} = -\frac{F_0 \tau}{m} e^{-\frac{t}{\tau}} - gt + C_1 \quad (C_1 \text{は任意の定数}) \quad (3.12)$$

を得る．(3.11) に $t = 0$, $y = 0$ を，(3.12) に $t = 0$, $\dot{y} = 0$ を代入する．すると $C_1 = F_0 \tau / m$, $C_2 = -F_0 \tau^2 / m$ が得られる．したがって，決定された運動は

$$y = \frac{F_0 \tau^2}{m} (e^{-\frac{t}{\tau}} - 1) - \frac{g}{2} t^2 + \frac{F_0 \tau}{m} t \quad (3.13)$$

である． ◆

章 末 問 題

3.1 直線上を運動している質量 m の車に，一定の力 F_0 でブレーキをかけた．
(a) 微分方程式を立てなさい．
(b) 一般解を求めなさい．
(c) 時刻ゼロにおける速度が v_0，位置が原点であった．運動を決定しなさい．

3.2 直線上を運動している物体に，運動方向に一致した力がはたらいている．力の大きさは1次関数に従い減少し，時刻 $t = t_1$ でゼロになる．
(a) 時刻ゼロの力の大きさを仮に F_0 として，微分方程式を立てなさい．
(b) 一般解を求めなさい．
(c) 時刻ゼロで速さがゼロ，加速度が a_0 であった．この2つの初期条件から特殊解を求められるか．
(d) 時刻ゼロから時刻 t_1 までに物体が移動する距離を求めなさい．

3.3 電磁気学によれば，xy 平面と平行に置かれた無限に広い2枚の導体間の電位 ϕ は，導体間に電荷がないときには1次元のラプラス方程式 $\dfrac{d^2\phi}{dz^2} = 0$ に従う．
(a) 一般解を求めなさい．
(b) $z = 0$ に置いた導体の電位を $\phi = V$，$z = d$ に置いた導体の電位を $\phi = 0$ とする．この2つの境界条件から特殊解を求めなさい．

3.4 前問で，導体間に一定の電荷密度 ρ の電荷がある場合には，電位は1次元のポアソン方程式 $\dfrac{d^2\phi}{dz^2} = -\dfrac{\rho}{\varepsilon_0}$ に従う（ε_0 は定数）．
(a) 一般解を求めなさい．
(b) $z = 0$ と $z = d$ の電位を $\phi = 0$ とする．この2つの境界条件から特殊解を求めなさい．

4

1階斉次微分方程式

　本章で扱うのは、yとy'のみを含む1階の微分方程式である。この形の微分方程式は、簡単にいってしまえば「ある物理量の変化率は、その物理量の大きさで決まる」という関係を表す。非常に単純だが、自然界にはこの関係で記述される現象が大変多い。それは物理や化学などだけでなく、それを応用する工学、医学や経済学にも及ぶ。すなわち、ある量を数値で表して、その量が従う法則を記述するとき、まず避けて通れないのがこの1階微分方程式なのである。本章と第5章では1階微分方程式を斉次と非斉次に分け、代表的な例における具体的な問題について考える。

4.1　1階斉次微分方程式の一般形

　1階斉次微分方程式の一般形は

$$P(y, y', x) = 0 \tag{4.1}$$

である。ただし、ほとんどの物理モデルでは、微分方程式はyの1階微分に対しては線形であるから、正規形に直せる形だけについて議論する。さらに、x, yを含む関数は$p(x)\,Q(y)$の形に書けるものとして、我々は1階斉次微分方程式の正規形を以下の形と考えよう。

1階斉次微分方程式の正規形

$$y' + p(x)\,Q(y) = 0 \tag{4.2}$$

$p(x)$：xを引数とする任意の関数

$Q(y)$：yを引数とする任意の関数

(4.2) は直ちに変数分離できるので，変数分離による解法を試してみるのがよいだろう．

$$\frac{dy}{Q(y)} = -p(x)\,dx \tag{4.3}$$

ただし，微分方程式が

$$y' + ky = 0 \quad (k\text{ は定数}) \tag{4.4}$$

のように定数係数線形の場合，特性方程式を使えば解は自明である．(4.4) の特性方程式は $\lambda + k = 0$ で，根は $\lambda = -k$，したがって微分方程式の一般解は

$$y = Ce^{-kx} \quad (C\text{ は任意の定数}) \tag{4.5}$$

である．これは暗記してしまってもよい．

次節以降では，いくつかの具体的な問題を考えるが，物理量の変化を記述する法則がどのような微分方程式で表され，それをどう解くか，そして解かれた結果はどういう意味をもつのかに注意して読み進めてほしい．

4.2　1階定数係数線形微分方程式

1階定数係数斉次線形微分方程式

$$y' + ky = 0 \quad (k\text{ は定数}) \tag{4.6}$$

ky を右辺に移行すれば，微分方程式が意味するところは「従属変数 y の変化率は，y の値に比例する」であることがわかる．この形の微分方程式で表される物理現象は大変多い．おそらく，「物理量の変化は自らの大きさに比例する」というのが自然の摂理なのだろう．以下では，代表的な2つの現象をモデル化して，微分方程式を立て，それを解いてその結果について考える．

4.2.1　放射性元素の崩壊

原子を意味する「アトム」とは「これ以上分割できない」という意味で，

20世紀になるまで原子は不変の存在と信じられていた．ところが，ある種の原子は自然に崩壊し，別種の原子に変わることが発見された．例えば，中性子8個と陽子6個からなる炭素14（^{14}C）は，図4.1のように自然に崩壊して中性子7個と陽子7個からなる窒素14（^{14}N）に変わる．崩壊の際に高速の電子（β線）を放出することから，これは**β崩壊**とよばれる．

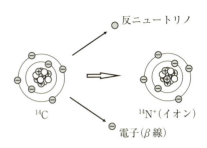

図4.1 炭素14（^{14}C）のβ崩壊

1個の炭素原子を眺めたとき，それがいつβ崩壊するかを知ることは原理的にできない．しかし，原子は常にある一定の確率で崩壊することは確実で，それは多くの原子からなる集団を観測して，一定時間にどれほどの数が崩壊するかを数えればわかる．観測によれば，ある時刻に崩壊せず残っている原子の数をNとすると，短い時間Δtの間に崩壊する原子の数は，どの瞬間でも常にNに比例する．もちろん，崩壊する原子の数はΔtにも比例すると考えるのが自然である．すると，比例定数をkとして，原子数の変化は以下の数式に従うだろう．

$$N(t+\Delta t) = N(t) - kN(t)\Delta t \tag{4.7}$$

kは[s^{-1}]の次元をもつ定数で，これを**崩壊定数**とよぶ．崩壊定数は，「1個の原子が1秒間に崩壊する確率」[†1]とも解釈できる．

$N(t), \Delta t$を左辺に移項して，Δtをゼロに漸近させれば，これは**1階定数係数斉次線形微分方程式**となる．

$$\frac{N(t+\Delta t)-N(t)}{\Delta t} = -kN(t)$$

$$\frac{dN}{dt} = -kN \tag{4.8}$$

---

†1 例えば$k=0.01\,\mathrm{s}^{-1}$なら，1秒間に崩壊する確率は近似的に1%である．

原子の放射性崩壊が従う微分方程式

$$\dot{N} = -kN \tag{4.9}$$

N：ある瞬間の原子数

k：原子に固有の崩壊定数 $[\mathrm{s}^{-1}]$

(4.9)を，特性方程式を用いて解こう．特性方程式は $\lambda + k = 0$ で，根は $\lambda = -k$ である．したがって，微分方程式の一般解は

$$N(t) = Ce^{-kt} \quad (C \text{ は任意の定数}) \tag{4.10}$$

である．初期条件として時刻ゼロにおける原子数を与えば，C が決定できる．これを N_0 としよう．

$$N(0) = N_0 = Ce^0$$
$$\therefore \ C = N_0 \tag{4.11}$$

任意の時刻における原子数は

$$N(t) = N_0 e^{-kt} \tag{4.12}$$

と決定される．

(4.12)をグラフに表したものを図4.2に示す．このような変化は**指数関数的な減衰**といわれる．定数 k の逆数 $\tau = 1/k$ は時間の次元をもち，τ をこの変化における**寿命**とよぶ．図のように，原子数は，τ だけ経過するごとに，元の数の $1/e$ に数を減らしていく．指数関数的な減衰はさまざまな現象に見られるが，放射性元素の崩壊はその代表的なものである．

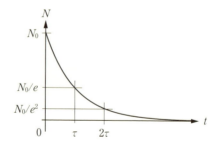

図 4.2 (4.12) に従う原子数 N の時間変化をグラフで表す．

放射性元素の崩壊においては，寿命 τ より**半減期** $T_{1/2}$ が使われることが多い．これは，「原子数が元の半分になるまでにかかる時間」である．寿命 τ と半減期の換算は以下の式で表され，寿命に $\ln 2 \approx 0.69$ をかければよい．

$$\frac{N}{N_0} = \frac{1}{2} = \exp\left(-\frac{T_{1/2}}{\tau}\right)$$

$$\therefore \quad T_{1/2} = (\ln 2)\tau \tag{4.13}$$

これは，$1/e$ が約 $1/3$ だから，「元の $1/2$ になるまでの時間は $1/3$ になる時間の 7 割くらい」と直感的に理解できる．このように，物理を相手にするときは常に直感的理解を意識するようにしてほしい．

4.2.2 ランベルト - ベールの法則

 光が損失のある媒体，例えば水のなかを進むとき，その強度は進むにつれて減衰していく．光が短い距離 Δx 進む間に失われる強度は，その場所における光強度に比例すると考えるのは自然なことである．いいかえれば，強い光も，弱い光も，単位長さ当りに減衰する割合は一定，ということである．これを**ランベルト - ベールの法則**という．

 ランベルト - ベールの法則を微分方程式で記述することを試みよう．x 軸に沿って進む光線があるとして，ある位置の強度を $I(x)$ で表す．光が短い距離 Δx 進む間に失われる強度は I と Δx に比例するはずである．したがって，比例定数を α として

$$I(x + \Delta x) = I(x) - \alpha I(x)\Delta x \tag{4.14}$$

と書ける．α は $[\mathrm{m}^{-1}]$ の次元をもつ定数で，これを**減衰定数**とよぶ．これは「光強度が 1 m 当りに減衰する割合」[†2] とも解釈できる．

 $I(x), \Delta x$ を左辺に移項して，Δx をゼロに漸近させれば，**1 階定数係数斉次線形微分方程式**となる．

$$\frac{I(x + \Delta x) - I(x)}{\Delta x} = -\alpha I(x)$$

$$\frac{dI}{dx} = -\alpha I \tag{4.15}$$

---

†2 例えば $\alpha = 0.01\,\mathrm{m}^{-1}$ なら，強度は近似的に 1 m 進むごとに 1% 減衰する．

> **ランベルト-ベールの法則から導かれる微分方程式**
>
> $$I' = -\alpha I \tag{4.16}$$
>
> I：ある位置の光強度 [W/m^2]
> α：媒体に固有の減衰定数 [s^{-1}]

(4.16)を，特性方程式を用いて解こう．特性方程式は $\lambda + \alpha = 0$ で，根は $\lambda = -\alpha$ である．したがって，微分方程式の一般解は

$$I(x) = Ce^{-\alpha x} \quad (C は任意の定数) \tag{4.17}$$

である．境界条件として，$x = 0$ における光強度を I_0 としよう．すると，任意の位置における光強度は

$$I(x) = I_0 e^{-\alpha x} \tag{4.18}$$

と決定できる．

(4.18)をグラフにすると図4.3のようになる．やはりこれも指数関数的な減衰である．定数 α の逆数 $x_0 = 1/\alpha$ は長さの次元をもち，x_0 をこの変化における**減衰距離**とよぶ．図のように，光強度は，x_0 進むごとに元の強度の $1/e$ に減衰していく．関連する問題を演習（章末問題4.2, 4.3）としておいたので取り組んでみよう．

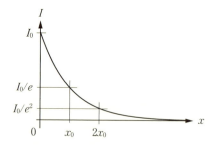

図4.3 (4.18)に従う，光強度の伝播に伴う変化をグラフで表す．

4.3 ロジスティック方程式

あるものが際限なく増えるさまを**ネズミ算式**ということがある．これは，ネズミが多産な動物で，ある世代から生まれた子供はその2倍，孫の世代は子の世代のさらに2倍と，代を重ねるに従って倍々に個体数が増える様子か

ら来ている.

今,ネズミの個体数を時間の関数 $N(t)$ で表す.N が充分大きければ,これは連続的に変化する関数と考えてよい.子供は親から生まれるから,ある時刻において短い時間 Δt 間に増加する個体の数は,そのときの個体数 N と,当然 Δt に比例するだろう.比例定数を k とすると,以下の関係が成り立つ.

$$N(t+\Delta t) = N(t) + kN(t)\Delta t \tag{4.19}$$

$N(t), \Delta t$ を左辺に移項して,Δt をゼロに漸近させれば,(4.8)と同じような **1階定数係数斉次線形微分方程式**,

$$\frac{dN}{dt} = kN \tag{4.20}$$

を得る.これは簡単に解けて,

$$N(t) = Ce^{kt} \quad (C\text{ は任意の定数}) \tag{4.21}$$

を得る.時刻ゼロの個体数を N_0 とすると C が決定できて,

$$N(t) = N_0 e^{kt} \tag{4.22}$$

と,個体数の時間変化が決定できた.

いくつかの k で,(4.22)をグラフに表したものを図4.4に示す.定数 k が負の値をとるときは,世代交代に伴ってどんどん個体数が減少していく.これは,1組のつがいから生まれる仔が2匹未満の状況である[†3].個体数の変化は指数関数的な減少で,これでは瞬く間に種族が絶滅してしまう.したがって現存するすべての生物は,少なくとも外的要因がなければ $k > 0$ になるように進化してきた.

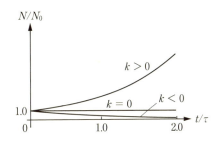

図4.4 (4.22)に従う個体数の変化をグラフで表す.

[†3] 現在の日本がこの状況で,抜本的な対策が急務である.

ところが，$k > 0$ のとき，個体数は指数関数的に増加する．すると個体数は，時間とともに恐ろしい増加を示す．これが「ネズミ算」といわれる所以である．個体数が変化しないのは唯一 $k = 0$ のときだけだが，k（単位時間当り個体数変化）はわずかな外的環境の変化によって変わるため，これは事実上ありえない．すなわち，生物が仔を産み増えるというしくみは，時間的に安定な解をもたない．このことを初めて指摘したのが経済学者のマルサスである．

一方，現実の世界では，ある環境における生物の個体数は比較的安定である．これは，最初のモデルでは考えていない個体数抑制のメカニズムがはたらいているからと考えられる．そこで，k を以下のように N に依存する変数としよう．

$$k = k_0\left(1 - \frac{N}{K}\right) \quad (K, k_0 \text{は定数}) \tag{4.23}$$

すると，**ロジスティック方程式**とよばれる微分方程式を得る．

ロジスティック方程式

$$\dot{N} = k_0\left(1 - \frac{N}{K}\right)N \tag{4.24}$$

N：生物の個体数（連続関数に近似）
k_0：単位時間当りの個体数変化率 $[\text{s}^{-1}]$
K：ある環境における最大収容可能個体数

個体数抑制のメカニズムは N が大きくなるほど強くはたらき，$N > K$ のときには単位時間当りの個体数変化は増加から減少に転じる．

ロジスティック方程式は，ベルヌーイ型（→ 2.6 節，p.42）に分類される**非線形微分方程式**だが，ちょっとした工夫で変数変換せずとも解くことができる．

まずは，1 階非線形微分方程式の定石通り，変数分離する．

$$dN \frac{1}{(1 - N/K)N} = k_0\, dt \tag{4.25}$$

続いて，左辺を以下のように部分分数に展開する．

4.3 ロジスティック方程式

$$dN\left\{\frac{1}{N} + \frac{1/K}{1-N/K}\right\} = k_0\,dt \qquad (4.26)$$

こうすれば項別に積分可能だから，左辺を N，右辺を t で積分して

$$\ln|N| - \ln|1-N/K| = k_0 t + C'$$

$$\ln\left|\frac{N}{1-N/K}\right| = k_0 t + C' \quad (C \text{ は任意の定数}) \qquad (4.27)$$

を得る．これで微分方程式は定義上「解けた」ことになるが，$N(t)$ がわからなければ解けた気はしないだろう．両辺の指数をとり，変形して以下の形を得る．

$$N(t) = \frac{K}{CKe^{-k_0 t}+1} \quad (C \text{ は任意の定数}) \qquad (4.28)$$

時刻ゼロの個体数を N_0 として任意定数 C を決定しよう．

$$N_0 = \frac{K}{CK+1} \longrightarrow C = \frac{K-N_0}{N_0 K}$$

$$N(t) = \frac{KN_0}{(K-N_0)e^{-k_0 t}+N_0} \qquad (4.29)$$

これで，ロジスティック方程式で表される個体数の時間変化が，初期個体数 N_0 で決定された．

ロジスティック方程式の解の特徴は，初期条件にかかわらず N が K に近づいていくことである．いくつかの初期条件で，(4.29) をグラフで表したものを図 4.5 に示す．生物学においては，K はある環境における最大の収容可能個体数を表している．

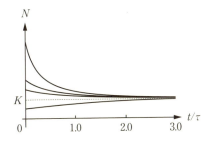

図 4.5 (4.29) に従う個体数の変化をグラフで表す．

ロジスティック方程式のモデルは比較的単純ながら，酵母やショウジョウバエなどの下等生物から，人類に至るまでの多くの生物社会に適用できることが知られている．

4.4 ロケットの運動

第3章では，空気を噴射して上昇するロケットの運動について考えたが，そのときは近似的にロケットの質量は変化しないとした．しかし，厳密にいえば，ロケットが前に進むためには自らもっている質量の一部を後ろに噴射しなくてはならない．したがってロケットの運動においては，機体の質量 m は時間の関数である．

ロケットの運動を微分方程式で表して，そこから重要な結論を導いてみよう．ロケットの運動を解析するためには，ニュートン力学の**運動量保存則**を使う．

運動量保存則

・運動量とは，運動する物体の質量と速度を掛けたベクトルの物理量である．

・外力が加わらない，閉じた系内の全運動量は時間によらない．

図4.6のように，互いに力を及ぼし合う2個の物体があるとする．質量をそれぞれ m_1, m_2，速度をそれぞれ $\boldsymbol{v}_1(t), \boldsymbol{v}_2(t)$ とする．物体は互いに力を及ぼし合うため速度は刻々と変わるが，$m_1\boldsymbol{v}_1 + m_2\boldsymbol{v}_2$ が時間によらず一定，というのが運動量保存則である．これをロケットの運動に当てはめてみよう．

話を簡単にするため，運動は1次元で，ロケットは重力のない真空にあり，積み込んだ燃料を燃やして一定の速さ u で後ろに噴射しながら，その反動で前に進むものとする．そのためロケットの質量は刻々と減少していく．

ロケットの質量を時間の関数 $m(t)$ とすれば，わずかな時間 Δt の間に後方に噴射される質量は $-\dfrac{dm}{dt}\Delta t$ である．ここで負号がつくのは，後方に噴

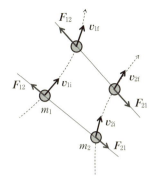

図 4.6 運動量保存則の一例．2 個の物体が互いに力を及ぼしつつ運動するとき，どの瞬間も系の全運動量は変わらない．したがって $m_1\boldsymbol{v}_{1\mathrm{i}} + m_2\boldsymbol{v}_{2\mathrm{i}} = m_1\boldsymbol{v}_{1\mathrm{f}} + m_2\boldsymbol{v}_{2\mathrm{f}}$ が成立．

射される質量が正のとき，ロケットの質量変化率が負になるためである．

ある時刻におけるロケットの質量を m，速度を v とする．そこからわずかな時間 Δt の間に，ロケットは質量 $-\dfrac{dm}{dt}\Delta t$ のガスを後方に，ロケットに対して速度 $-u$ $(u>0)$ で噴射する．その結果，ロケットの速度は Δv だけ増加する（図 4.7）．

このとき，運動量保存則は

$$mv = \left(m + \frac{dm}{dt}\Delta t\right)(v + \Delta v) - \frac{dm}{dt}\Delta t(v - u) \tag{4.30}$$

と書ける．右辺を展開，整理すると

$$m\frac{\Delta v}{\Delta t} + \frac{dm}{dt}\Delta v + \frac{dm}{dt}u = 0 \tag{4.31}$$

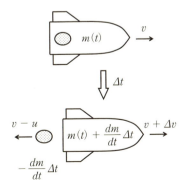

図 4.7 ロケットの推進と運動量保存則

を得る．Δt をゼロに漸近すれば，第 1 項は $m\dot{v}$ になり，第 2 項は Δv がゼロに漸近するため消滅する．その結果，以下の運動方程式を得る．

ロケットの運動方程式

$$m\dot{v} + u\dot{m} = 0 \tag{4.32}$$

$m(t)$：ロケットの質量 [kg]

$v(t)$：ロケットの速度 [m/s]

u　：噴射ガスのロケットに対する相対速度 [m/s]

(4.32) は時間 t の関数で表される従属変数 m, v 2 つの変数の微分で表されるため，どこから手をつけたらよいかわからないかもしれない．しかし m と v を変数分離すれば，それぞれ独立に時間で積分可能である．

$$\frac{dv}{dt} = -\frac{u}{m}\frac{dm}{dt} \longrightarrow \int \frac{dv}{dt} dt = -u \int \frac{1}{m}\frac{dm}{dt} dt$$

$$v = -u \ln m + C \quad (C \text{ は任意の定数}) \tag{4.33}$$

(4.33) からわかる興味深いことは，ガスの噴射速度が一定なら，ある時刻のロケットの速度 v は，その瞬間の質量で決まるということである．いいかえれば，v はそこまでに噴射したガスの量だけで決まってしまう．そこで，v を独立変数 m の関数と考え，解析を続ける．

時刻ゼロにおいてロケットは静止しており，そのときのロケットの質量を m_0 として $v(m)$ を求めると，以下の表式を得る．

ツィオルコフスキーのロケット方程式

$$v(m) = u \ln\left(\frac{m_0}{m}\right) \tag{4.34}$$

$v(m)$：任意の状態のロケットの速度 [m/s]

u　：ガスの噴射速度 [m/s]

m_0　：ロケットの初期質量 [kg]

これが，**ツィオルコフスキーのロケット方程式**とよばれる有名な方程式で

ある．ツィオルコフスキーが1897年に導出したこの式が，「人類は宇宙へ行けるのか？　行けるとしたらどのようにすればよいのか？」という漠然とした疑問に具体的な解を与えた．

出発前のロケットの質量を m_0，燃料を使いきったロケットの質量を m_f とすれば，燃料を使いきったときのロケットの速度である**到達速度**（final velocity : v_f）が得られる．

$$v_f = u \ln\left(\frac{m_0}{m_f}\right) \tag{4.35}$$

酸素‐水素系ロケットエンジンの噴射速度 u はおよそ 4 km/s，地球の衛星になる速度の目安である**第1宇宙速度**は 7.9 km/s である．ここから，第1宇宙速度を出すために必要な m_0/m_f を計算するとおよそ7.2となる．これはどういうことかというと，人工衛星を打ち上げるロケットは，全質量の約 6/7 を後ろに噴射しないと必要な速度を出せない，ということなのだ．

最後に，ロケットの $v(t)$ を求める．一例として，ロケットが単位時間当り一定の質量 M [kg/s]でガスを噴射すると仮定すると，

$$v(t) = u \ln\left(\frac{m_0}{m_0 - Mt}\right) \tag{4.36}$$

となる．$m_0/m_f = 7$ でグラフにすれば図4.8の通りである．ロケットは燃焼終了直前に，急激に大きな加速度をもつことがわかる．したがって，この加速度に耐えられるように，衛星には丈夫な構造をもたせる必要がある．

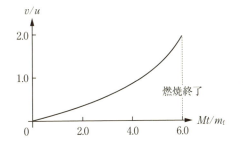

図4.8　燃焼ガスを一定の速度，一定の割合で噴射するロケットの速度の変化

章 末 問 題

4.1 一般解を求めなさい．

(a) $y' + y = 0$

(b) $y' + 2y = 0$

(c) $y' - \dfrac{1}{2}y = 0$

(d) $2y' - 3y = 0$

4.2 北海道の摩周湖は大変綺麗な湖水をもち，その透明度は世界第2位である．湖の透明度は，「湖に沈めた測定用の白い円盤が見えなくなる距離 L [m]」で定義される．現在，摩周湖の透明度は 30 m であるという．透明度 L と減衰定数 α の間には $L = 1.9/\alpha$ の近似が成り立つ．

(a) 湖水の減衰距離を求めなさい．

(b) 「見えなくなる」と認定される光の強度は，元の強度を基準にしてどれほどか．ここで，光線は湖面から広がらずに一往復するとして，円盤の反射率を1とする．

4.3 光ファイバーを伝播する光信号の強度は，ランベルト – ベールの法則に従う．ファイバーの減衰定数 α を測りたいが，ファイバー端面の反射率が不明なため，入射光と射出光のパワーだけでは α は決められない．そこで，長さ l_1 のファイバーと長さ l_2 のファイバーを使い，同じ入射光パワー I_0 のときの射出光パワーを求めた．射出パワーはそれぞれ I_1, I_2 であった．α を求めなさい．

4.4 質量 m の自動車が，静止状態から全力で加速を始める．自動車が出せる最大のパワー P は一定で，一方で自動車が最大の効率で加速しているとき，推進力 F，速さ $\dot{x}$ と P の間には $P = F\dot{x}$ の関係がある（→ 6.2.1 項, p.113）．走行に伴う抵抗は無視する．

(a) 自動車の運動が従う運動方程式を示しなさい．

(b) $v = \dot{x}$ の変数変換を行い，$v(t)$ を決定しなさい．

(c) $x(t)$ を決定しなさい．

(d) 自動車の質量を 1,000 kg,最大パワーを 200 馬力 (1.5×10^5 W) とする．これは，軽量スポーツカーの諸元である．この自動車が静止状態から全力で加速し，400 m 先のゴールに到達するまでにかかる時間を求めなさい．

4.5 ^{14}C は半減期 5730 年で崩壊する．

(a) 崩壊定数を求めなさい．

(b) 2000 年経つと，^{14}C 原子数は最初の何％になるか．

4.6 ロジスティック方程式 $\dot{N} = k_0(1 - N/K)N$ はベルヌーイ型の微分方程式である．第 2 章で学んだ変数変換，$u = N^{-1}$ を用いて一般解を求めなさい．

5

1階非斉次微分方程式

　本章で扱うのは，前章と同じ1階微分方程式である．前章との違いは，y', yに加えて任意のxの関数$f(x)$が微分方程式に含まれる点である．これを**非斉次形**とよぶことは第1章で述べた．

　線形微分方程式において$f(x)$がもつ意味は，「外部からのはたらきかけ」である．多くの場合，我々は，対象に対して**力**，**電位差**などの物理量を与えたとき，対象がどう反応するかが知りたい．対象の性質そのものを特徴づけるのが微分方程式の斉次形である一方，非斉次項は対象とは独立して存在するものであり，任意に決めることができる．このとき，微分方程式の解は，斉次項すなわち対象そのものがもつ特徴と，非斉次項すなわち外部からのはたらきかけの両方の特徴を反映する．

　一方，非線形微分方程式における非斉次項の物理的意味は，問題により異なるため一般化はできない．しかし，共通していえるのは，非斉次項は変数分離の妨げになる，という点である．したがって1階非斉次非線形微分方程式に決まった解き方はなく，方程式の形を見極め，適切な解法を選択することが肝心である．また，系の振る舞いを知るために必ずしも微分方程式を解く必要がないことについても学んでいきたい．

5.1　1階非斉次微分方程式の一般形

　1階非斉次微分方程式は，第4章と同様にyの1階微分に対して正規形，かつyを含む項は$p(x)\,Q(y)$に分離可能と考える．

1階非斉次微分方程式の正規形

$$y' + p(x)\,Q(y) = f(x) \tag{5.1}$$

$p(x)$：xを引数とする任意の関数

$Q(y)$：y を引数とする任意の関数
$f(x)$：x を引数とする任意の関数

1階非斉次微分方程式は，線形と非線形で解き方を変えると効率がよい．非斉次線形微分方程式は，第2章で学んだように，「斉次形の一般解に非斉次形の特殊解を加える」ことで解ける．したがって，非斉次線形微分方程式の解法とは，「特殊解を見つける方法」といいかえてよい．

一方，1階非斉次非線形微分方程式は，素直に変数分離ができない．そのため一般的解法はないが，適当な変数変換で線形化，または変数分離ができればしめたものである．また，$f(x)$ が定数なら左辺に移項して，そのまま変数分離による解法が適用できる．

次節以降で，いくつかの分野における，微分方程式が1階非斉次となる具体的な問題について考えよう．

5.2 電気回路の過渡応答

5.2.1 RC 直列回路

図5.1のように，抵抗とコンデンサーを直列につなぎ，直流電源に接続する．このとき，回路を流れる電流はどのような時間変化をするか解析しよう．

まず，回路素子の電流と電位差の間の基本法則について述べる．抵抗は，流れる電流 I に比例して両端に電位差 V_R が現れる素子である．このときの

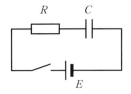

図 5.1 RC 直列回路

$$V_R = IR \qquad V_C = \frac{1}{C}\int I\,dt$$

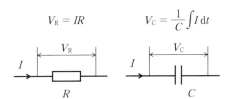

図 5.2 抵抗，コンデンサーの性質と抵抗値 R，容量 C の定義

比例定数 $V_R/I = R$ を素子の**抵抗値**とよぶ．

一方，コンデンサーは，蓄積される電荷 Q に比例して両端に電位差 V_C が現れる素子である．このときの比例定数 $Q/V_C = C$ を素子の**容量**とよぶ．蓄積される電荷は電流の積分で与えられるので，電流 I と V_C の関係は以下のように書ける（図 5.2）．

$$V_C = \frac{1}{C}\int I\, dt \tag{5.2}$$

そして，電気回路には**キルヒホッフの法則**が成立する．

キルヒホッフの法則

第 1 法則：任意の分岐点に流れ込む電流の代数和はゼロになる（図 5.3）．

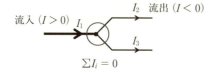

図 5.3　キルヒホッフの第 1 法則．任意の分岐点に流入する電流を正，流出する電流を負とすれば，その合計はゼロになる．

第 2 法則：任意のループを一回りしたとき，ループ内の各素子の電位差の代数和はゼロになる（図 5.4）．

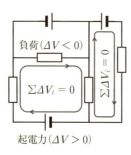

図 5.4　キルヒホッフの第 2 法則．任意のループを一巡するとき，素子の電位差の合計はゼロとなる．ここで，ループを回る方向に電位が上がっていればプラス，下がっていればマイナスと数える．

本書では，キルヒホッフの法則が成り立つ背景については詳しく説明しないが，第 1 法則は電荷が不滅の物理量であること，第 2 法則はエネルギー保存則がその根拠である．

これを，図 5.1 の回路に当てはめると，キルヒホッフの法則は以下のようにいいかえられる．

5.2 電気回路の過渡応答

─ RC直列回路におけるキルヒホッフの法則 ─
コンデンサー両端の電位差 V_C と抵抗両端の電位差 V_R を加えたものは，常に電源の電位差 E に一致する．

電流 I を従属変数として，上述の関係を表せば

$$IR + \frac{1}{C}\int I\, dt = E \tag{5.3}$$

となる．(5.3)は積分を含むので，両辺を t で微分すると，RC直列回路の微分方程式を得る．

RC直列回路の微分方程式 (1)

$$R\dot{I} + \frac{I}{C} = 0 \tag{5.4}$$

R：抵抗 [Ω]

I：電流 [A]

C：容量 [F]

これは，**1階定数係数斉次線形微分方程式**である．特性方程式を使い解けば，

$$I(t) = Ke^{-t/(RC)} \quad (K\text{ は任意の定数}) \tag{5.5}$$

を得る．

ここで，微分方程式を立てる際に，非斉次項 E が消えてしまったことに疑問をもつ読者は多いと思う．この回路は，E がどんな値をとっても同じ応答を示すのだろうか．

実は，この問題の初期条件 $I(0)$ は，E と無関係には決められない．キルヒホッフの第2法則から，$I(0)$ は，以下の関係を満たす必要がある．

$$RI(0) + V_C(0) = E \tag{5.6}$$

したがって初期条件は，時刻ゼロの電流と，時刻ゼロにおけるコンデンサーの電荷 $\int I\, dt$ の両方を決めなくてはいけない．(5.3)から(5.4)への変形の際に電荷の情報が落ちてしまい，一見わかりにくくなっているので注意が必要だ．

これらは,一方を決めれば他方は自動的に決まるので,自然な仮定として初期条件を「時刻ゼロにおいてコンデンサーの電荷はゼロ($V_C = 0$)」としよう.すると,

$$RI(0) = E \longrightarrow I(0) = \frac{E}{R} \tag{5.7}$$

と決まり,$I(t)$ は

$$I(t) = \frac{E}{R} e^{-t/(RC)} \tag{5.8}$$

と決定される.電流の時間変化を図 5.5 に示した.電流の変化は,第 4 章で扱った「指数関数的な減衰」で,時定数 τ は RC である.

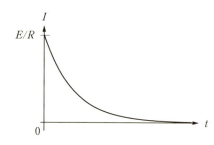

図 5.5 RC 直列回路に流れる電流の時間変化

一方,この問題は,従属変数を V_C にとることでも解ける.コンデンサーの電荷 Q を時間で微分すれば電流 I だから,

$$Q = CV_C \longrightarrow \dot{Q} = I = C\dot{V_C} \tag{5.9}$$

が成立する.キルヒホッフの第 2 法則を使い,微分方程式は以下のように書ける.

RC 直列回路の微分方程式(2)

$$RC\dot{V_C} + V_C = E \tag{5.10}$$

R:抵抗 [Ω]
C:容量 [F]
V_C:コンデンサー両端の電位差 [V]
E:電源の電圧 [V]

今度は**1階定数係数非斉次線形微分方程式**になった．第2章で述べた通り，まず斉次形の一般解を求めると，

$$V_C(t) = Ke^{-t/(RC)} \quad (K \text{ は任意の定数}) \tag{5.11}$$

となる．次に，非斉次形の特殊解を見つけよう．E は定数だから，特殊解も定数だろうとアタリをつける．これを V_t として (5.10) に代入すれば，$V_t = E$ を得る．

$$RC\frac{d}{dt}V_t + V_t = E \quad \longrightarrow \quad V_t = E \tag{5.12}$$
※定数の微分はゼロ

したがって，微分方程式 (5.10) の一般解は

$$V_C(t) = Ke^{-t/(RC)} + E \tag{5.13}$$

と書ける．初期条件として「時刻ゼロにおいてコンデンサーの電荷はゼロ $(V_C = 0)$」を与えると，定数 K は $-E$ と定まるので，$V_C(t)$ は

$$V_C(t) = E(1 - e^{-t/(RC)}) \tag{5.14}$$

と決定される．V_C の時間変化を図 5.6 に示した．

グラフは指数関数的減衰によく似ているが，初めはゼロで，時間が経つにつれて E に漸近していくのが特徴である．これを $I(t)$ に変換するには，$I = C\dot{V}_C$ を使い，

$$I(t) = \frac{E}{R}e^{-t/(RC)} \tag{5.15}$$

であるから，結局 (5.8) と同じ結果を得る．

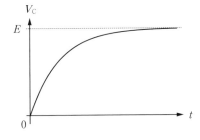

図 5.6 RC 直列回路の，コンデンサー両端の電位差 V_C の時間変化

5.2.2 RL 直列回路

次に,図 5.7 のように抵抗とコイルを直列につなぎ,直流電源に接続する.このとき,回路を流れる電流はどのような時間変化をするか解析しよう.

コイルは,流れる電流 I の時間変化率に比例して両端に電位差 V_L が現れる素子である.その関係は

$$V_L = L\dot{I} \tag{5.16}$$

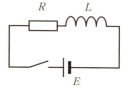

図 5.7 RL 直列回路

と表され,比例定数 L を素子の**インダクタンス**とよぶ(図 5.8).

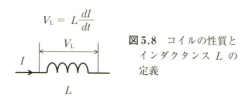

図 5.8 コイルの性質とインダクタンス L の定義

キルヒホッフの法則を用いて,RL 直列回路の微分方程式を立てる.

RL 直列回路の微分方程式

$$L\dot{I} + RI = E \tag{5.17}$$

L:インダクタンス [H]

I:電流 [A]

R:抵抗 [Ω]

E:電源の電圧 [V]

これは,**1 階定数係数非斉次線形微分方程式**である.まず,斉次形を特性方程式を使い解く.解は

$$I(t) = Ke^{-(R/L)t} \quad (K \text{ は任意の定数}) \tag{5.18}$$

である.続いて,非斉次形の特殊解は,RC 直列回路と同様に定数とアタリをつけ,これを I_t とする.微分方程式に代入すれば,

$$L\frac{d}{dt}I_t + RI_t = E \quad \longrightarrow \quad I_t = \frac{E}{R} \tag{5.19}$$

を得て，これらを加えたものが(5.17)の一般解となる．

$$I(t) = Ke^{-(R/L)t} + \frac{E}{R} \quad (K は任意の定数) \tag{5.20}$$

初期条件を，「時刻ゼロにおいて電流がゼロ」とする．すると，

$$I(0) = K + \frac{E}{R} = 0 \longrightarrow K = -\frac{E}{R} \tag{5.21}$$

の関係を得て，$I(t)$ が決定される．

$$I(t) = \frac{E}{R}(1 - e^{-(R/L)t}) \tag{5.22}$$

電流の時間変化を図 5.9 に示した．すぐ気づくように，これは RC 直列回路の V_C の時間変化と全く同じ形をしている．理由は明らかで，RC 直列回路の V_C も，RL 直列回路の I も，形の上では同じ微分方程式で表せるためである．このように，異なる物理量でも，同じ微分方程式で表されれば同じ時間変化をするというのは，後で述べ

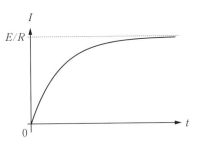

図 5.9 RL 直列回路に流れる電流の時間変化

るように「アナログコンピューター」の基礎原理となっている．

5.2.3 交流電源に対する回路の応答

続いて，図 5.10 のように，RC 直列回路に交流の電源を接続する．電源の電圧は $E(t) = E_0 \cos(\omega t)$ に従い変化するとしよう．このとき，回路に流れる電流 $I(t)$ を求める．キルヒホッフの法則から，

$$IR + \frac{1}{C}\int I\, dt = E_0 \cos(\omega t) \tag{5.23}$$

を得る．(5.23)を時間で 1 回微分すると，図

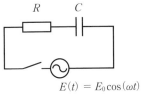

図 5.10 RC 直列回路に交流電源を接続

5.10 の回路の微分方程式を得る．

> **交流電源を接続した RC 直列回路の微分方程式**
>
> $$R\dot{I} + \frac{I}{C} = -\omega E_0 \sin(\omega t) \tag{5.24}$$
>
> R ：抵抗 [Ω]
>
> I ：電流 [A]
>
> C ：容量 [F]
>
> E_0：電源の電圧 [V]
>
> ω ：電源の角周波数 [rad/s]

斉次形の一般解は右辺の関数によらず (5.5) であるから，改めて解く必要はない．次に非斉次形の特殊解について考える．非斉次項が三角関数だから，特殊解もやはり三角関数だろうとアタリをつける．ただし，特殊解がサインまたはコサインの単独で表される保証はないので，解を $A\cos(\omega t) + B\sin(\omega t)$ と仮定する．

(5.24) に代入すれば以下の関係が得られる．

$$\omega R\{-A\sin(\omega t) + B\cos(\omega t)\} + \frac{1}{C}\{A\cos(\omega t) + B\sin(\omega t)\}$$
$$= -\omega E_0(\sin \omega t) \tag{5.25}$$

$\sin(\omega t)$ の項と $\cos(\omega t)$ の項でまとめれば，これらは A, B についての連立方程式となる．

$$-\omega RA + \frac{B}{C} = -\omega E_0 \tag{5.26}$$

$$\omega RB + \frac{A}{C} = 0 \tag{5.27}$$

解けば，A, B は

$$A = \frac{\omega^2 RC^2 E_0}{1 + \omega^2 R^2 C^2} \tag{5.28}$$

$$B = -\frac{\omega C E_0}{1 + \omega^2 R^2 C^2} \tag{5.29}$$

と決まり，特殊解が求まる．したがって，(5.24)の解は以下の通りである．

$$I(t) = K e^{-t/(RC)} + \frac{\omega^2 R C^2 E_0}{1 + \omega^2 R^2 C^2} \cos(\omega t) - \frac{\omega C E_0}{1 + \omega^2 R^2 C^2} \sin(\omega t)$$

（K は任意の定数）
$$\tag{5.30}$$

時刻ゼロで $V_C = 0$(充電されていない状態)を仮定する．すると，定数 K が満たすべき関係が

$$I(0) = \frac{E_0}{R} = K + \frac{\omega^2 R C^2 E_0}{1 + \omega^2 R^2 C^2} \tag{5.31}$$

となる．(5.31)を K について解き，(5.30)に代入すれば，$I(t)$ は

$$I(t) = \frac{e^{-t/(RC)} + \omega RC\{\omega RC \cos(\omega t) - \sin(\omega t)\}}{1 + \omega^2 R^2 C^2} \left(\frac{E_0}{R}\right) \tag{5.32}$$

と定まる．複雑な表現となったが，要点を述べると，$I(t)$ は「指数関数的に減衰する成分」と「電源と異なる位相，同じ振動数で振動する成分」の合成で表されていることがわかる．したがって，充分時間が経った後は指数関数の成分は消滅し，振動電流のみが残る．

(5.32)をグラフにしたものを図 5.11 に示した．ωRC が 1 のオーダーのとき，数サイクルで解は一定の調和振動へ移行することがわかる．

同様に，図 5.12 のように RL 直列回路に交流の電源を接続する．電源の電圧を同様に $E(t) = E_0 \cos(\omega t)$ として，回路に流れる電流 $I(t)$ を求める．

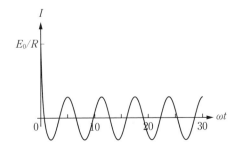

図 5.11 RC 直列回路に交流電源を接続したときの，流れる電流の時間変化．$\omega = 0.3, RC = 1$ に設定．

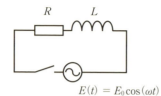

図 5.12 RL 直列回路に交流電源を接続

$E(t) = E_0 \cos(\omega t)$

交流電源を接続した RL 直列回路の微分方程式

$$L\dot{I} + RI = E_0 \cos(\omega t) \tag{5.33}$$

L：インダクタンス [H]

I：電流 [A]

R：抵抗 [Ω]

E_0：電源の電圧 [V]

ω：電源の角周波数 [rad/s]

解き方は RC 直列回路と同じなので，結果だけを示す．初期条件は時刻ゼロで $I = 0$ とした．

$$I(t) = \frac{-e^{-(R/L)t} + \cos(\omega t) + \omega L \sin(\omega t)/R}{R^2 + L^2\omega^2}\left(\frac{E_0}{R}\right) \tag{5.34}$$

RC 直列回路と同様，$I(t)$ は「指数関数的に減衰する成分」と「電源と異なる位相，同じ振動数で振動する成分」の合成で表される．したがって，充分時間が経った後は指数関数の成分は消滅し，振動電流のみが残る．

(5.34) をグラフにしたものを図 5.13 に示した．$\omega L/R$ が 1 のオーダーの

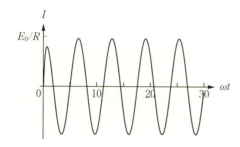

図 5.13 RL 直列回路に交流電源を接続したときの，流れる電流の時間変化．$\omega = 0.3$, $L/R = 1$ に設定．

とき，やはり電流は数サイクルで一定の調和振動へ移行する．

5.2.4 調和振動[†1] の複素関数表示

ここまで見てきたように，R, L, C を組み合わせて作られた回路の交流電源に対する応答は，時間とともに急速に減衰する**過渡解**と，電源と同じ振動数で振動する**定常解**の組み合わせで表されることがわかる．そして，応用においては，後者の定常解のみが知りたい場合が圧倒的に多い．

このように，系の定常的な応答を見たい場合は，微分方程式をわざわざ解かずとも答えを知ることができる．電気回路の分野では，**複素関数表示**と**インピーダンス**というテクニックが独自の発展を遂げた．

$f(t) = R\cos(\omega t)$ という調和振動を，次のように表現する．

$$\tilde{f}(t) = Re^{i\omega t} \tag{5.35}$$

これはもちろん $f(t) = R\cos(\omega t)$ に等しくないが，(5.35)はオイラーの公式（→ 6.2.1 項，p. 109）を使って

$$Re^{i\omega t} = R\cos(\omega t) + iR\sin(\omega t) \tag{5.36}$$

と表せるので，その実部だけを見れば元の関数に一致する．そこで，もし調和振動をする関数が現れたら，それを(5.35)のようにおきかえる．そして，常にその実部が物理的本質を表していると「了解する」．このような考え方が，複素関数表示またはフェーザー法とよばれる解法のテクニックである．

図 5.14(a)のように，抵抗値 R の抵抗器に電位差 $\tilde{e}(t) = E_0 e^{i\omega t}$ を与える．

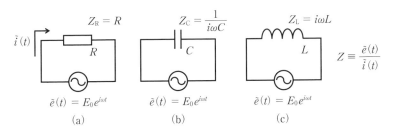

図 5.14 抵抗，コンデンサー，コイルに交流の電源を接続，電流を計測

[†1] 詳しくは p. 108．

すると流れる電流はやはり調和振動で，$\tilde{i}(t) = I_0 e^{i\omega t}$ と表される[†2]．ここで，電流と電位差の比率 $\tilde{e}(t)/\tilde{i}(t) = R$ は実定数で，これが「電気抵抗」の定義であった．

次に，図 5.14(b) のように，容量 C のコンデンサーの両端に電位差 $\tilde{e}(t) = E_0 e^{i\omega t}$ を与える．このとき，コンデンサーの電位差と電流の関係は

$$\tilde{i}(t) = C\dot{\tilde{e}} = i\omega C E_0 e^{i\omega t} \tag{5.37}$$

となる．したがって，この場合も電位差と電流の比が（複素数の）定数で表される．これを，「コンデンサーのインピーダンス Z_C」と名づける．Z_C は計算すれば

$$Z_C = \frac{\tilde{e}(t)}{\tilde{i}(t)} = \frac{1}{i\omega C} \tag{5.38}$$

である．

同様に，図 5.14(c) のように接続されたコイルの端子間電位差と電流の関係は

$$\tilde{e}(t) = L\dot{\tilde{i}} \longrightarrow \tilde{i}(t) = \frac{1}{L}\int \tilde{e}(t)\,dt \tag{5.39}$$

だから，インピーダンスは

$$Z_L = \frac{\tilde{e}(t)}{\tilde{i}(t)} = i\omega L \tag{5.40}$$

である．

さてここで，L, C, R を直列につないだ図 5.15(a) の交流回路を考える．電源の電位差が調和振動で $\tilde{e}(t) = E_0 e^{i\omega t}$ と与えられるとき，定常状態で流れる電流が知りたい．フェーザー法を使えば，回路要素が直列につながった系の応答はインピーダンスを

$$Z = R + Z_C + Z_L \tag{5.41}$$

とおき，流れる電流は形式的にオームの法則を用いて

[†2] 電流の i と虚数単位 i が重複するが，注意深く読めば区別は可能である．重複を避けるため，電気系の教科書では虚数単位に j を使う．

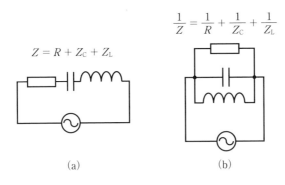

図 5.15 L, C, R からなる回路の合成インピーダンス

$$I_0 = \frac{E_0}{Z} \tag{5.42}$$

とすればよい．ここで Z は回路全体のインピーダンスで，複素定数である．当然 I_0 も複素定数で，これは電流が

$$\tilde{i}(t) = I_0 e^{i\omega t} \tag{5.43}$$

の実部であることを表す．$e^{i\omega t}$ をオイラーの公式で分解し，I_0 の実部と虚部をそれぞれ $\mathrm{Re}(I_0), \mathrm{Im}(I_0)$ とすれば電流は

$$\tilde{i}(t) = \mathrm{Re}(I_0)\cos(\omega t) - \mathrm{Im}(I_0)\sin(\omega t) + i\{\mathrm{Re}(I_0)\sin(\omega t) + \mathrm{Im}(I_0)\cos(\omega t)\} \tag{5.44}$$

と表されるが，フェーザー法の「約束」により，実際に回路に流れる電流はその実部，

$$i(t) = \mathrm{Re}(I_0)\cos(\omega t) - \mathrm{Im}(I_0)\sin(\omega t) \tag{5.45}$$

である．

図 5.15(b) のように，回路要素が並列に接続されているときもオームの法則を形式的に用い，

$$\frac{1}{Z} = \frac{1}{R} + \frac{1}{Z_\mathrm{C}} + \frac{1}{Z_\mathrm{L}} \tag{5.46}$$

で同様に求めることができる．

このようにフェーザー法は，調和振動する系の応答に関する問題を，たかだか加減乗除の計算に還元する大変便利な概念である．したがって電気回路の分野では，当たり前のように交流の電圧・電流を $e^{i\omega t}$ で表記している．

5.3 加熱と冷却

5.3.1 ニュートンの冷却の法則

図 5.16 のように，薄い容器に入れられた湯の温度変化を考える．問題を簡単にするため，湯の温度は一様とする．湯がもつ熱量 Q は外気との接触によって奪われるが，単位時間当り奪われる熱量の大きさ $-\dot{Q}$ は，湯と外気の温度差 $T - T_\mathrm{m}$ および湯の表面積に比例する．これを**ニュートンの冷却の法則**とよぶ．

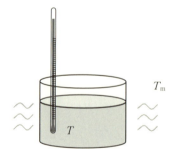

図 5.16 温度 T_m の外気に置かれた，湯の入った容器

ニュートンの冷却の法則

$$-\dot{Q} = \alpha S (T - T_\mathrm{m}) \tag{5.47}$$

α ：熱伝達係数 [W/(m^2 K)]
S ：湯の表面積 [m^2]
T ：湯の温度 [K]
T_m：外気温 [K]

湯の質量 m，比熱 c を使えば，T の時間変化は次の公式で表される．

冷却の微分方程式

$$\dot{T} = -\frac{\alpha S}{mc}(T - T_\mathrm{m}) \tag{5.48}$$

- α : 熱伝達係数 [W/(m²K)]
- S : 湯の表面積 [m²]
- m : 湯の質量 [kg]
- c : 湯の比熱 [J/(kgK)]
- T : 湯の温度 [K]
- T_m : 外気温 [K]

これは，**1 階定数係数非斉次線形微分方程式**である．$mc/\alpha S$ を時定数 τ とおいて整理する．

$$\dot{T} = -\frac{1}{\tau}(T - T_\mathrm{m}) \tag{5.49}$$

今までと同様の手法で解くと，一般解が得られる．

$$T(t) = Ce^{-t/\tau} + T_\mathrm{m} \quad (C\text{ は任意の定数}) \tag{5.50}$$

時刻ゼロにおける湯の温度を T_0 とすれば，温度変化が決定できる．

$$T(t) = (T_0 - T_\mathrm{m})e^{-t/\tau} + T_\mathrm{m} \tag{5.51}$$

次は，違った方法で微分方程式(5.49)を解いてみよう．微分方程式は非斉次形だが，非斉次項が定数のため，変数分離法が適用できる．

$$\frac{1}{T - T_\mathrm{m}}\,dT = -\frac{1}{\tau}\,dt \tag{5.52}$$

左辺を T で，右辺を t で積分すれば微分方程式が解ける．

$$\ln|T - T_\mathrm{m}| = -\frac{t}{\tau} + C' \quad (C'\text{ は任意の定数}) \tag{5.53}$$

両辺の指数をとり，T を移項すれば，(5.50)と同じ形を得る．

$$T(t) = Ce^{-t/\tau} + T_\mathrm{m} \quad (C\text{ は任意の定数}) \tag{5.54}$$

もう 1 つ，違ったやり方で解いてみよう．$T - T_\mathrm{m}$ を新しい変数 θ とおく．θ は「湯と周囲の温度差」という物理的意味をもつ．$\theta = T - T_\mathrm{m}$ と $\dot{\theta} = \dot{T}$ を(5.49)に代入すると，微分方程式は斉次形に変形できる．

$$\dot{\theta} = -\frac{1}{\tau}\theta \tag{5.55}$$

したがって，解はただちに

$$\theta(t) = Ce^{-t/\tau} \quad (C \text{ は任意の定数}) \tag{5.56}$$

と求められ，θ を T に逆変換すれば(5.50)と同じ形を得る．

温度の時間変化を図 5.17 に示した．グラフは RC 直列回路，RL 直列回路と同様の指数関数的減衰を示し，十分な時間が経った後には，湯の温度は T_m で安定する．

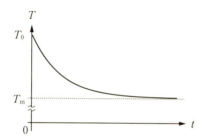

図 5.17 初期温度 T_0 の湯が温度 T_m の外気に置かれたときの温度変化

$T_0 < T_\mathrm{m}$ の場合でもニュートンの冷却の法則は適用でき，この場合は湯（水？）の温度は外気の温度に一致するように上昇する．ニュートンの冷却の法則は，「温度差がある2つの物体が接触するとき，その温度差は指数関数的に減少する」ということを述べたもので，最も単純な熱移動に関する法則である．

5.3.2　2乗・3乗の法則

ニュートンの冷却の法則における時定数 $\tau = mc/\alpha S$ は，ある物体がどれほど冷えにくいかを表す指標といえよう．ここで，冷却の時定数は物体の表面積に反比例し，質量に比例することに着目する．物体の特徴的な長さを L としよう．物体の形状を変えずに，大きさだけを大きくしていくと，物体の質量は L^3 に比例するのに対して，表面積は L^2 でしか大きくならない．これを τ に代入すると，時定数は L に比例して大きくなることがわかる．こ

5.3 加熱と冷却

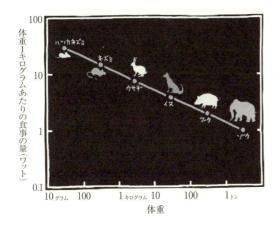

図 5.18 動物の，体重当りの食事の量を対数グラフで表したもの．（本川達雄 文，あべ弘士 絵：「絵ときゾウの時間とネズミの時間」（福音館書店，1994 年）より許可を得て転載．）

れを **2 乗・3 乗の法則** とよぶ．

諸君は「ゾウとネズミとどちらが大食漢か」という質問に当然「ゾウ」と答えるかもしれない．しかし，体重 1 kg 当りに必要な食料の量を比べると，ネズミはゾウの 20 倍もの食事が必要ということが知られている[3]（図 5.8）．これは，ネズミの方がゾウより冷却の時定数が小さい，という事実でおよそ説明できる．

哺乳類は，体温を外気より高い一定の値に維持するために多くのエネルギーを消費するが，外気によって奪われる熱を単位質量当りで比べれば，ゾウよりネズミの方が圧倒的に多い．この世にネズミより小さい哺乳類がいないのは，これ以上質量が小さくなると，食事で得るエネルギーで自身の体温を維持することが困難になるためである．

「2 乗・3 乗の法則」も，微分方程式を解かずに，微分方程式から直接に得られる洞察の 1 つである．また，ものごとを単純にスケールアップできない理由を簡潔に説明する「2 乗・3 乗の法則」は，熱の移動だけでなく構造的な強度などにも通用する．例えば，なぜ陸上にはゾウより大きな動物がおらず，クジラは海のなかに住むのかというと，「骨」という材料が単位断面積当り支えられる質量は一定なため，大きな動物は骨で自重を支えきれなくなるためである．

5.4 流体中の運動

物体が空気や水などの流体中を運動するとき，運動を妨げるような抵抗力が発生する．これを**流体抵抗**とよぶ．床を滑るときの摩擦力と流体抵抗の違いは，抵抗力の大きさが運動の速さに依存する，という点である（図5.19）．

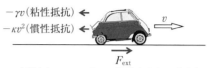

（摩擦力，エンジンの推進力などの合力）

図 5.19 流体抵抗を受けつつ前進する自動車．自動車が等速運動しているとき，$F_\text{ext} - \gamma v - \kappa v^2 = 0$.

流体中の物体が受ける抵抗力には，速度に比例する抵抗力と速さの2乗に比例する抵抗力があり，それぞれ**粘性抵抗**，**慣性抵抗**とよばれている．粘性抵抗は，主に物体表面と流体間の摩擦で説明できる．一方，慣性抵抗は，質量をもつ流体を物体が押しのけながら進むために生じるもの，と説明できる．

流体抵抗を考慮して，質量 m の物体の1次元 (x) の運動について運動方程式を立てる．速さの2乗に比例する抵抗力は，物体の運動速度によって符号を変える必要があるので，ここでは $\dot{x} > 0$ を仮定した．

流体中にある物体の運動方程式 $(\dot{x} > 0)$

$$m\ddot{x} = -\gamma \dot{x} - \kappa (\dot{x})^2 + F_\text{ext} \tag{5.57}$$

m ：物体の質量 [kg]
x ：位置 [m]
γ ：粘性抵抗の係数 [kg/s]
κ ：慣性抵抗の係数 [kg/m]
F_ext：外力 [N]

係数 γ, κ は物体の形状，物体が置かれた流体の性質などにより異なるが，運動状態には依存しない定数である．いわゆる「流線型」というのは，これらの係数が小さくなるように工夫された形状で，同じ速さでも抵抗力が小さいのでスピードが出しやすい．

粘性抵抗，慣性抵抗はそれぞれ速さの1乗，2乗に比例するため，多くの運動では一方が支配的で，もう一方は無視できる．例えば流体が重く，運動が遅いときには慣性抵抗は無視できて，これは**粘性領域**とよばれる．空気中を落下する微細な雨粒や，水中を運動する大抵の物体にこの近似が当てはまる．

逆に，流体が軽く，運動が速いときには粘性抵抗は無視できて，抵抗は慣性抵抗だけと考えてよい．これは**慣性領域**とよばれる[†3]．空気中でふわふわと漂わないような物体は，空気に対して慣性領域にあると考えてよい．

以下の各項で，粘性領域，慣性領域における物体の落下運動を解析してみよう．

5.4.1 粘性領域の落下運動

図 5.20 は，粘性抵抗のみがはたらくと考えたとき，落下する物体にはたらく力を表している．従属変数を y として，鉛直上方を正とすると，運動方程式は

$$m\ddot{y} = -\gamma\dot{y} - mg \tag{5.58}$$

と書ける．重力 $-mg$ が外力としてはたらき，これが非斉次項となる．一見すると微分方程式は2階に思われるが，$\dot{y} = v$ の変数変換を行えば，これは**1階定数係数非斉次線形微分方程式**である．

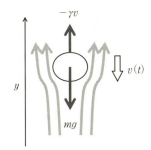

図 5.20 粘性領域の落下運動において，物体にはたらく力

[†3] ここでは曖昧な言葉を使っているが，**レイノルズ数**という無次元量がその指標となる．

> **粘性領域の落下運動の運動方程式**
>
> $$m\dot{v} + \gamma v = -mg \tag{5.59}$$
>
> m：物体の質量 [kg]
> v：物体の速度 [m/s]
> γ：粘性抵抗の係数 [kg/s]
> g：重力加速度 [m/s^2]

微分方程式は，5.2.2 項（→ p.76）で扱った「RL 直列回路」と全く同じ形をしている．したがって $L \to m, R \to \gamma, E \to -mg$ のおきかえだけで直ちに一般解を得ることができる．初期条件として，「時刻ゼロで物体は静止状態 ($v = 0$)」とおこう．すると，$v(t)$ は

$$v(t) = -\frac{mg}{\gamma}(1 - e^{-(\gamma/m)t}) \tag{5.60}$$

となる．速度の時間変化を図 5.21 に示した．もちろん，これも RL 直列回路に流れる電流の時間変化と同じである．

グラフから，充分な時間が経った後に物体の速度は一定になるが，これは**終端速度（terminal velocity: v_t）**とよばれる．v_t は (5.60) で $t \to \infty$ とすれば $-mg/\gamma$ であることがわかるが，微分方程式 (5.59) において $\dot{v} = 0$ とおく

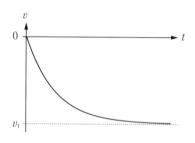

図 5.21 粘性領域の落下運動における落下速度の時間変化．

ことで直接得られる．これは，「終端速度に達すると速度変化がなくなる」と捉えてもよいが，力学的にはニュートンの第 2 法則，「物体にはたらく合力がゼロのとき物体は等速運動する」状態と解釈される．

$y(t)$ を知りたければ，$v(t)$ を時間で 1 回積分すればよい．

$$y(t) = \frac{mg}{\gamma}\left(-\frac{m}{\gamma}e^{-(\gamma/m)t} - t\right) + C \quad (C \text{ は任意の定数}) \tag{5.61}$$

初期条件として,「時刻ゼロで物体は原点 ($y = 0$) にいる」とすると,運動は以下のように決定される.

$$y(t) = \left(\frac{m}{\gamma}\right)^2 g\left(1 - e^{-(\gamma/m)t} - \frac{\gamma}{m}t\right) \tag{5.62}$$

5.4.2 慣性領域の落下運動

図 5.22 は,慣性抵抗のみがはたらくと考えたとき,落下する物体にはたらく力を表している.従属変数を y として,鉛直上方を正とする.条件として,速度は常に負(下向き)とすると,運動方程式は

$$m\ddot{y} = \kappa(\dot{y})^2 - mg \tag{5.63}$$

と書ける.これも,$\dot{y} = v$ の変数変換を行えば 1 階微分方程式になるが,v^2 があるため,これは **1 階定数係数非斉次非線形微分方程式**である.

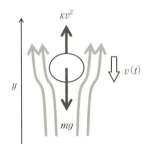

図 5.22 慣性領域の落下運動において,物体にはたらく力

慣性領域の落下運動の運動方程式 ($v < 0$)

$$m\dot{v} - \kappa v^2 = -mg \tag{5.64}$$

m:物体の質量 [kg]
v:物体の速度 [m/s]
κ:慣性抵抗の係数 [kg/m]
g:重力加速度 [m/s^2]

非線形の微分方程式に一般的な解法はないが,変数分離を試みよう.

$$\frac{dv}{dt} = \frac{\kappa}{m}v^2 - g \quad \longrightarrow \quad \frac{dv}{\frac{\kappa}{m}v^2 - g} = dt \qquad (5.65)$$

これで首尾よく変数分離ができた．さらに，以降の計算をやりやすくするために変形を行う．

$$\frac{m}{\kappa}\frac{1}{v^2 - v_t^2}\,dv = dt \qquad (5.66)$$

ここで，$v_t^2 = mg/\kappa$ は速度の2乗の次元をもつ定数で，後でわかるように，v_t は慣性領域の落下運動における終端速度である．

すると，(5.66) は $v^2 - v_t^2 = (v + v_t)(v - v_t)$ を分母にもつので，部分分数に展開すれば v^2 が v の1乗に落とせる．このテクニックは第4章でも使った（→ p.63）．

$$-\frac{m}{2\kappa v_t}\left(\frac{1}{v + v_t} - \frac{1}{v - v_t}\right)dv = dt \qquad (5.67)$$

さらに整理して

$$\left(\frac{1}{v + v_t} - \frac{1}{v - v_t}\right)dv = -\frac{2g}{v_t}\,dt \qquad (5.68)$$

と変形する．こうなると積分は容易である．

$$\ln\left|\frac{v + v_t}{v - v_t}\right| = -\frac{2g}{v_t}t + C' \quad (C' は任意の定数) \qquad (5.69)$$

これで，微分方程式は「解けた」．さらに，$v(t)$ を得るため計算を続けよう．両辺の指数をとり，

$$\frac{v + v_t}{v - v_t} = Ce^{-(2g/v_t)t} \quad (C は任意の定数) \qquad (5.70)$$

を得る．これを v について解けば，

$$v = -\frac{1 + Ce^{-(2g/v_t)t}}{1 - Ce^{-(2g/v_t)t}}v_t \quad (C は任意の定数) \qquad (5.71)$$

を得る．ここで，初期条件として「時刻ゼロで物体は静止状態（$v = 0$）」とおこう．すると，$C = -1$ が得られ，$v(t)$ は

$$v(t) = -\frac{1 - e^{-(2g/v_t)t}}{1 + e^{-(2g/v_t)t}}v_t \qquad (5.72)$$

と定まる．(5.72) は，しばしば以下の形に変形される．

$$v(t) = -\frac{e^{(g/v_t)t} - e^{-(g/v_t)t}}{e^{(g/v_t)t} + e^{-(g/v_t)t}} v_t = -\tanh\left(\frac{gt}{v_t}\right) v_t \quad (5.73)$$

速度の時間変化を，同じ終端速度をもつ粘性領域の落下と比較する形で図5.23 に示した．慣性領域の落下は，粘性領域の場合と比べ，初期のほぼ (傾きが $-g$ の) 自由落下の区間と，ほぼ終端速度に近い一定速度の区間が大部分で，速度が徐々に変化する区間が短い．これは，流体のブレーキが速度の増加に対して急激に増加するためである．

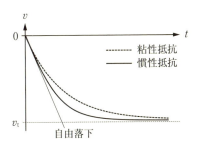

図 5.23 慣性領域の落下運動における落下速度の時間変化

ただ終端速度を知りたいのであれば，微分方程式を解く必要はない．(5.64) から，「重力と抵抗力がつり合う速度」を見つければ，それが終端速度である．簡単な計算で，$v_t = -\sqrt{mg/\kappa}$ を得る．繰り返すが，微分方程式を立てたら，それを解かなくとも得られる洞察はある．

(5.72) を t で積分すれば $y(t)$ を得るが，これは宿題にしておこう．

5.5 線形微分方程式と初期条件，非斉次項の関係

第5章で，我々は電気回路，冷却，抵抗のある落下運動といったさまざまな問題で，微分方程式を立て，初期条件を代入し，電流，電圧，温度，速度などの物理量が従う関数を決定した．

ここで，時間を独立変数とする非斉次線形の微分方程式に共通する性質について考えよう．これらの問題は，

- 微分方程式の斉次形
- 初期条件

・$f(t)$ で表される「外力」(非斉次項)

の3つの要素に分解できる．

「微分方程式の斉次形」は，問題の対象そのものがもつ性質といってよい．例えば電気回路ならそれは抵抗やコンデンサーなどの回路要素であり，物体の温度変化なら「ニュートンの冷却の法則」である．

「初期条件」は，その対象が時刻ゼロにおいておかれた状態を表す．問題が許す範囲において，初期条件は自由に決めてよい．例えば抵抗のある落下運動なら，時刻ゼロで物体は静止していても，上昇していても，問題の本質を損なうことにはならない．

そして，最後に登場する「外力」は，対象に対する外部からのはたらきかけ，という意味をもつ．外力も，問題が許す範囲で自由に決めてよいが，例えば落下運動における重力のように，初めから問題に組み込まれていて任意に変更できない外力もある．そして，外力の関数形は解の関数形に決定的な支配力をもつ．

これは，線形な微分方程式で表される系においては，高階でも成り立つ普遍的性質である．なぜなら，斉次線形微分方程式の一般解は，特性方程式の根を λ_i とするとき，$e^{\lambda_i t}$ の和で表されるからである．そして，無限に増大するような物理的にあり得ない解を棄却すれば，それはいずれもゼロに漸近する[†4]．

一方，非斉次線形微分方程式の一般解は，斉次形の一般解に非斉次形の特殊解を足す形で表される．特殊解は初期条件とは独立に決定されるため，初期条件の影響を受けない．そして，充分な時間が経った後には斉次形の解は消滅するから，残るのは外力 $f(t)$ に支配される特殊解のみである．

したがって，線形微分方程式の解は

・主に初期条件に支配され，いずれゼロになる過渡的な変化

・初期条件に無関係で，外力に支配される状態

[†4] 唯一の例外は λ_i が純虚数になる場合で，これは第6章で扱う．

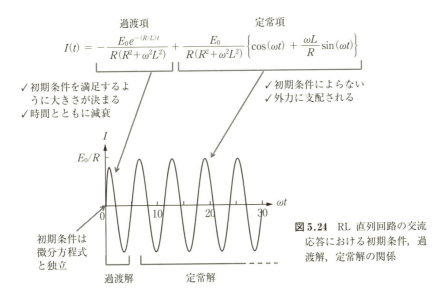

図 5.24 RL 直列回路の交流応答における初期条件，過渡解，定常解の関係

の 2 つの時間領域で特徴づけられることがわかる．RL 直列回路の交流応答を例にとり，初期条件，過渡解，定常解の関係を示したものが図 5.24 である．

5.6 化学反応と化学平衡

5.6.1 化学反応の次数

消毒液のオキシドールに含まれる過酸化水素（H_2O_2）は不安定な化合物で，自然に分解して酸素を発生する．その化学反応は，

$$H_2O_2 \longrightarrow H_2O + \frac{1}{2} O_2 \qquad (5.74)$$

と表される（図 5.25）．このとき，1 個の H_2O_2 分子が単位時間当りに分解する確率は一定である．すると，問題は第 4 章で取り上げた「放射性元素の崩壊」と全く同じで，H_2O_2 濃度が従う微分方程式は以下のように書ける．ここで，化学記号を角括弧 [⋯] で囲んだものは，その化学式で表される分

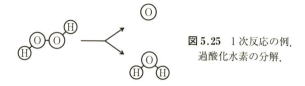

図 5.25 1 次反応の例．過酸化水素の分解．

子の濃度を表すと約束する．

$$\frac{d}{dt}[\mathrm{H_2O_2}] = -k[\mathrm{H_2O_2}] \tag{5.75}$$

化学種の濃度変化を表すこのタイプの微分方程式は，**レート方程式**とよばれる．

一般に，単一の化学種 A が自然に変化して B(とその他の化合物)に変わる反応は **1 次反応**とよばれ，**1 階斉次線形微分方程式**で表される．

1 次反応 A → B(+C) における A の濃度 n が従う微分方程式
$$\dot{n} = -kn \tag{5.76}$$ n：化学種 A の濃度 k：1 次反応速度定数 $[\mathrm{s}^{-1}]$

1 次反応の**反応速度定数** k は $[\mathrm{s}^{-1}]$ の次元をもつ．化学種 A の時間変化が，初期濃度を n_0 として

$$n(t) = n_0 e^{-kt} \tag{5.77}$$

と表されることは，もはや説明の必要もないだろう．

続いて，以下の化学反応を考える (図 5.26)．

$$\mathrm{NH_3 + HCl} \longrightarrow \mathrm{NH_4Cl} \tag{5.78}$$

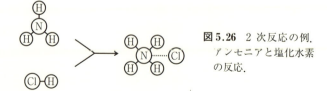

図 5.26 2 次反応の例．アンモニアと塩化水素の反応．

高校の化学でお馴染みの，アンモニアと塩化水素を近づけると白い煙が発生する化学反応である．この種の化学反応は分子と分子の衝突で始まるから，単位時間，単位体積当りに起こる化学反応は NH_3 の濃度と HCl の濃度の積に比例すると考えるのが妥当である．したがって，反応生成物である NH_4Cl の濃度[†5]変化は以下の微分方程式で表される．濃度の単位は任意であるが，ここでは気体反応論で一般的な $[cm^{-3}]$ をとった．

$$\frac{d}{dt}[NH_4Cl] = k[NH_3][HCl] \tag{5.79}$$

k：反応速度定数 $[cm^3/s]$

k は2次の反応速度定数である．濃度を $[cm^{-3}]$ にとったので，k の次元は $[cm^3/s]$ になる．

このように，反応速度が2種の反応物の濃度の積に比例するような反応は，**2次反応**とよばれる．以下のように，反応物が単一でも，分子衝突を伴う反応はやはり2次反応である．

$$2\,NO \longrightarrow N_2 + O_2 \tag{5.80}$$

2次反応を $A + B \to C + D$ で一般化すれば，生成物の量と失われる反応物の量は等しいから，生成物の濃度を従属変数 n として微分方程式で表すことができる．

2次反応 $A + B \to C + D$ における C, D の濃度 n が従う微分方程式

$$\dot{n} = k(a_0 - n)(b_0 - n) \tag{5.81}$$

n ：化学種 C, D の濃度 $[cm^{-3}]$
a_0 ：化学種 A の初期濃度 $[cm^{-3}]$
b_0 ：化学種 B の初期濃度 $[cm^{-3}]$
k ：2次反応速度定数 $[cm^3/s]$

微分方程式は非線形かつ非斉次であるが，「慣性抵抗」の微分方程式を解

[†5] 反応生成物は固体だが，微粉末となって分散するので，気体と同様に「濃度」で測れる．

いたときのように（→ p.92），変数分離して部分分数に展開すれば解ける．

$$\frac{1}{(a_0-n)(b_0-n)}\,dn = k\,dt$$

$$\left(\frac{1}{a_0-n} - \frac{1}{b_0-n}\right)dn = k(b_0-a_0)\,dt \tag{5.82}$$

$$\ln\left|\frac{b_0-n}{a_0-n}\right| = k(b_0-a_0)t + K' \quad (K' \text{は任意の定数}) \tag{5.83}$$

$n(t)$ を求めよう．初めに両辺の指数をとる．

$$\frac{b_0-n}{a_0-n} = Ke^{k(b_0-a_0)t} \quad (K \text{は任意の定数}) \tag{5.84}$$

時刻ゼロにおける化学種 C, D の濃度をゼロとおけば ($n=0$)，$K = b_0/a_0$ が得られる．最後に，(5.84) を n について解けば，生成物濃度の時間変化が得られる．

$$\begin{aligned} n(t) &= \frac{a_0 b_0 \{e^{k(b_0-a_0)t}-1\}}{b_0 e^{k(b_0-a_0)t}-a_0} \\ &= \frac{a_0 b_0 (e^{b_0 kt}-e^{a_0 kt})}{b_0 e^{b_0 kt}-a_0 e^{a_0 kt}} \end{aligned} \tag{5.85}$$

化学種 A, B, C, D の濃度の時間変化を図 5.27 に示した．グラフでは $a_0/b_0 = 2$ を仮定したが，反応物である A, B のうち少ない方の B がなくなるまで反応が続く様子が見てとれる．

ここで 1 つ面白いことに気づく．(5.82) の部分分数展開は $a_0 = b_0$ の条件では実行できないのだ．これは，(5.83) が恒等式になってしまうことからもわかるだろう．この場合は微分方程式の解き方を変える．

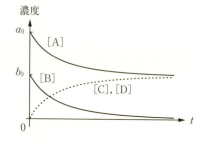

図 5.27 (5.85) で表される 2 次反応における化学種の時間変化．$a_0/b_0 = 2$ を仮定．

$b_0 = a_0$ とおき，変数分離すると以下のようになる．

$$\frac{1}{(a_0-n)^2} dn = k\, dt \tag{5.86}$$

左辺は，(a_0-n) のべき関数だから容易に積分できて[†6]，結果は以下のようになる．

$$\frac{1}{a_0-n} = kt + K \quad (K \text{ は任意の定数}) \tag{5.87}$$

初期条件として，時刻ゼロで生成物の濃度がゼロ ($n=0$) とすれば，K は $1/a_0$ と定まる．続いて(5.87)を n について解けば，$a_0 = b_0$ の場合の生成物の濃度の時間変化が得られる．

$$n(t) = \frac{a_0^2 kt}{a_0 kt + 1} \tag{5.88}$$

$a_0 = b_0$ のときだけ，濃度変化の数式表現が全く異なることに戸惑いを覚える読者もいるかもしれない．しかし，(5.85)において $a_0 \approx b_0$ を仮定すれば，

$$e^{k(b_0-a_0)t} \approx 1 + k(b_0-a_0)t \tag{5.89}$$

の近似が成り立ち，代入すれば(5.85)は(5.88)と同じ表現となる．

5.6.2 可逆的な反応

気体の水素 (H_2) とヨウ素 (I_2) は，反応してヨウ化水素 (HI) を生成する．

$$H_2 + I_2 \longrightarrow 2\,HI \tag{5.90}$$

今度も，単位時間，単位体積当りに起こる化学反応は H_2 の濃度，I_2 の濃度に比例すると考えるのが妥当である．したがって，HI の濃度変化は以下の微分方程式で表される．

$$\frac{d}{dt}[HI] = k_1 [H_2][I_2] \tag{5.91}$$

k_1：反応速度定数 [cm^3/s]

ところが，反応の結果生成した HI 分子は，再び H_2 と I_2 に戻る．

$$2\,HI \longrightarrow H_2 + I_2 \tag{5.92}$$

[†6] $\frac{d}{dn}(a_0-n)^k = -k(a_0-n)^{k-1}$ だから，積分はその逆を考えればよい．

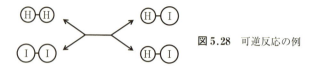

図 5.28 可逆反応の例

この場合も，HI の濃度変化は以下の微分方程式で表される．

$$\frac{d}{dt}[\mathrm{HI}] = -k_2[\mathrm{HI}]^2 \tag{5.93}$$

k_2：反応速度定数 [cm^3/s]

(5.93) の反応レートが濃度の2乗に比例するのは，この反応もやはり HI と HI の衝突で始まるからである（図 5.28）．

このように，化学反応がどちらにも起こりうるような系を**可逆反応系**とよぶ．これを $\mathrm{A} + \mathrm{B} \rightleftarrows \mathrm{C} + \mathrm{D}$ の可逆反応に一般化すれば，化学種 A, B, C, D の時間変化を表す微分方程式が得られる．

可逆反応 $\mathrm{A} + \mathrm{B} \rightleftarrows \mathrm{C} + \mathrm{D}$ において A, B, C, D の濃度が従う微分方程式

$$[\dot{\mathrm{A}}] = [\dot{\mathrm{B}}] = -k_1[\mathrm{A}][\mathrm{B}] + k_2[\mathrm{C}][\mathrm{D}] \tag{5.94}$$

$$[\dot{\mathrm{C}}] = [\dot{\mathrm{D}}] = k_1[\mathrm{A}][\mathrm{B}] - k_2[\mathrm{C}][\mathrm{D}] \tag{5.95}$$

k_1：順反応の反応速度定数 [cm^3/s]

k_2：逆反応の反応速度定数 [cm^3/s]

問題を簡単にするために，時刻ゼロで [A] および [B] は n_0，[C] および [D] はゼロとする．従属変数を [C] にとり，これを n とすれば，微分方程式は

$$\dot{n} = k_1(n_0 - n)^2 - k_2 n^2 \tag{5.96}$$

と書ける．これは相当手強い微分方程式で，右辺を因数分解した後変数分離，それから部分分数に展開することで解ける．結果だけを示そう．

$$n(t) = \frac{\sqrt{k_1}\,(1 - e^{-2\sqrt{k_1 k_2}\,n_0 t})}{\sqrt{k_1}\,(1 - e^{-2\sqrt{k_1 k_2}\,n_0 t}) + \sqrt{k_2}\,(1 + e^{-2\sqrt{k_1 k_2}\,n_0 t})}\,n_0 \tag{5.97}$$

充分な時間が経てば指数関数の項は消滅し、

$$n(t) = \frac{\sqrt{k_1}}{\sqrt{k_1}+\sqrt{k_2}} n_0 \tag{5.98}$$

となって，その後は変化がない．この状態を**化学平衡**とよぶ．各化学種の濃度の時間変化を図5.29に示す．グラフでは $k_1/k_2 = 2$ を仮定した．

化学平衡状態は安定なため，一見すると何も起こっていないように見える．しかし，実際は正反応と逆反応が絶えず起こっており，そのバランスが定常状態になっているだけなのである．

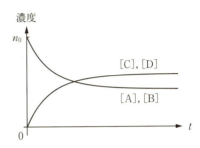

図5.29 (5.97)で表される可逆反応系における化学種の時間変化．$k_1/k_2 = 2$ を仮定．

(5.96)をまともに解くのは大変な労力だが，化学平衡においては，平衡に至る過程はそれほど重要ではなく，どのような平衡状態となるかが重要である．この場合，平衡状態における各化学種の濃度は微分方程式を解くまでもなく知ることができる．

(5.94)において時間変化がないとすると，微分方程式は

$$k_1[\text{A}][\text{B}] = k_2[\text{C}][\text{D}] \tag{5.99}$$

と書ける．ここから，平衡状態におけるA，B，C，Dの濃度について以下の関係が成立する．

可逆反応 A + B ⇌ C + D における化学平衡状態

$$\frac{[\text{C}][\text{D}]}{[\text{A}][\text{B}]} = \frac{k_1}{k_2} = K \tag{5.100}$$

k_1：順反応の反応速度定数 [cm^3/s]
k_2：逆反応の反応速度定数 [cm^3/s]
K：平衡定数

本章では何度か強調したが，問題を微分方程式で表した後，その微分方程式を解かなくてもわかることがある．なぜなら，微分方程式には系の性質についての情報が**微分**（時間変化率）の形で含まれているからで，ある特殊な状態(例えば定常状態)を仮定すれば，微分方程式が直接解答を教えてくれるのである．

5.6.3　水素イオン濃度（pH）

化学平衡のなかでも特に重要で，かつ日常生活でも見られる指標が**水素イオン濃度**である．水分子は H_2O の化学式をもつが，わずかな確率で H^+ と OH^- に分解する．それぞれがイオンになることから，これを**電離反応**という．水の電離にはその逆反応も存在し，これは化学平衡をなす系である(図5.30)．

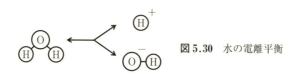

図5.30　水の電離平衡

化学平衡の定理から，平衡状態において次の関係が成り立つ．

$$\frac{d}{dt}[H^+] = k_1[H_2O] - k_2[H^+][OH^-] = 0$$

$$\therefore \quad \frac{[H^+][OH^-]}{[H_2O]} = K \tag{5.101}$$

水分子が電離する割合は非常にわずかなので，$[H_2O]$ は電離によっても減少しないと考えてよい．すると，水の電離の化学平衡（これを**電離平衡**とよぶ）は

$$[H^+][OH^-] = \text{const.} \tag{5.102}$$

となる．純水の25℃における電離度は $[H^+] = [OH^-] = 10^{-7}$ mol/L であるから，右辺の定数は 10^{-14} (mol/L)^2 という値をもつ．

純水に塩酸（HCl）などの酸を加えると，電離して水溶液には余分な H^+ が存在するようになる．すると，電離平衡を保つように OH^- 濃度が減少す

る．一方，純水に水酸化ナトリウム(NaOH)などのアルカリを加えると，やはり電離して水溶液には余分なOH⁻が存在するようになり，今度は電離平衡を保つようにH⁺濃度が減少する．したがって，水溶液の酸性・アルカリ性は，[H⁺]で統一的に表すことが可能である．

そこで，溶液の[H⁺](mol/L)の常用対数をとり，符号を逆転したものを**水素イオン濃度**(pH)とよび，酸性・アルカリ性の指標とするようになった．定義から純水のpHは7で，数値が小さくなるほど[H⁺]は大きい．図5.31に，日常見かける液体のpHを並べてみた．

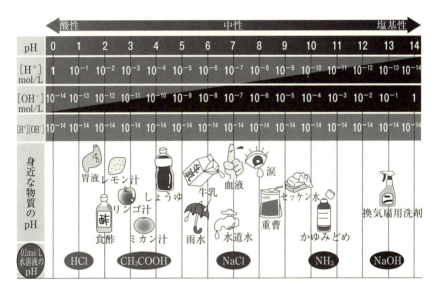

図5.31 身近な物質のpH (25℃)（「化学基礎 新訂版」(実教出版,平成29年発行) より許可を得て転載）

章 末 問 題

5.1 一般解を求めなさい．

(a) $y' + y = 2x$

(b) $y' + y = 3\sin(2x)$

(c) $2y' - 3y = 3e^{2x}$

(d) $2y' - 3y = 2e^x$

(e) $-2y' + y = 2e^x$

(f) $-3y' + 2y = 4x + e^{3x}$

5.2 天体の表面から，鉛直に打ち上げられるロケットについて考える．重力加速度は一定で，大きさを g とする．打ち上げ時の質量は m_0 で，ロケットは毎秒当り質量 M のガスを相対速度 u で後方に噴射する．外力がないときのロケットの運動方程式 (→ 4.4 節, p. 66) を参考に，以下の問に答えなさい．座標系は地表の高さをゼロに，上方に y をとる．

(a) ロケットの質量，$m(t)$ を求めなさい．

(b) $m(t)$ を用い，ロケットの速度 v についての運動方程式を立てなさい．

(c) 運動方程式を解き，$v(t)$ を求めなさい．

(d) $v(t)$ を 1 回積分し，$y(t)$ を求めなさい．

5.3 キルヒホッフの法則によれば，RL 直列回路 (→ 図 5.7, p. 107) を流れる電流 I が従う微分方程式は $L\dot{I} + RI = E$ と書ける．L, R および E は定数で，時刻ゼロで電流がゼロとする．

(a) $I(t)$ を決定しなさい．

(b) 充分な時間が経った後の電流 I_∞ を求めなさい．

(c) $L = 2\,\mu\mathrm{H}$, $R = 2\,\Omega$ のとき，I が I_∞ の 90% になる時刻を求めなさい．

5.4 温度 T の高温物体が，温度 T_m の空気中に置かれている．T の時間変化はニュートンの冷却の法則に従う．

(a) 冷却の時定数を τ として，T が従う微分方程式を立てなさい．

(b) $H(t) = T - T_\mathrm{m}$ として，H が従う微分方程式を立てなさい．

(c) 時刻ゼロで $T = T_0$ として，$T(t)$ を定めなさい．

(d) 温度 100℃ の金属球が室温 0℃ の大きな部屋に置かれている．20 分後に金属球が 40℃ になったとすると，30 分後は何℃ になるか．

6

2階斉次微分方程式

　本章では，2階斉次微分方程式について学ぶ．なかでも，2階の線形微分方程式は，物性・生物・電気・機械・制御・構造などの幅広い分野で登場する重要な形式である．2次関数は根の公式を使えば必ず解けるから，2階線形微分方程式の解法に特別なことはないと思う読者もいるかもしれない．しかし，2次関数には実数の範囲に根がない場合があり，その場合2つの根は複素数となる．特性方程式が複素根をとるとき，それはどういう現象を表すのであろうか．本章では，複素数の基礎を少しおさらいしてから現象に切り込んでいこう．

　また，本章では，「同じ微分方程式で表される異なる現象」について考察する．本書「まえがき」で述べたように，霞が関ビルの振動を解析したのは抵抗・コイル・コンデンサーからなる「アナログコンピューター」であった．すでにいくつかの例で見てきたが，微分方程式の従属変数がどのような物理量を表すかは，微分方程式の解に影響しない．したがって，ある現象を解析するために，同じ微分方程式に従う全く異なる現象を利用することが可能なのである．

　アナログとは元々「類似した」という意味の英単語で，現実には構築が難しい系の「アナログ」を比較的易しい手段（典型的には電気回路）で構築し，その外力に対する応答を観測することで，難しい系の振る舞いを知る機器がアナログコンピューターである．

6.1　2階斉次微分方程式の一般形

2階斉次微分方程式は，一般に以下の形を取り得る．
$$P(y'', y', y, x) = 0 \tag{6.1}$$
第4章，第5章と同様に，正規形の問題に集中しよう．

2階斉次微分方程式の正規形

$$y'' + Q(y', y, x) = 0 \tag{6.2}$$

$Q(y', y, x)$：y', y, x を引数とする任意の関数

なかでも，2階定数係数線形微分方程式は特に重要であるので，本章では以下の形に的を絞って議論を進めることとする．

2階定数係数斉次線形微分方程式の一般形

$$y'' + a_1 y' + a_0 y = 0 \tag{6.3}$$

a_1, a_0：問題となる系の性質により決まる定数

6.2 単振動

6.2.1 ばねとおもりの系

図6.1のように，摩擦のない水平な床に質量 m のおもりを置き，自然長 l，ばね定数 k のばねを取りつける．ばねの他端は固定する．ばねの伸縮方向に x 軸をとり，ばねが自然長のときのおもりの位置を原点とする．このとき，おもりはどのような運動方程式に従うだろうか．

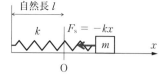

図 6.1 水平な床に置かれ，ばねに取りつけられたおもりと，おもりにはたらく力

運動を x 軸に沿った1次元に限定する．重力と垂直抗力は常につり合っているから，x 軸に沿った力のみを考えればよい．ばねは，おもりに対してフックの法則に従う力を及ぼす．

フックの法則

変形したばねは，自然長に戻ろうとする力を他の物体に及ぼす．力の大きさは以下の式で表される．

6.2 単振動

$$F_s = -kx \tag{6.4}$$

F_s：ばねが他の物体に及ぼす力 [N]

k：ばね定数 [N/m]

x：ばねの変位量 [m]

x 軸に沿っておもりにはたらく力は，ばねの復元力だけである．ここから，運動方程式が導かれる．

ばねとおもりの運動方程式

$$m\ddot{x} = -kx \tag{6.5}$$

m：おもりの質量 [kg]

x：おもりの位置 [m]

k：ばね定数 [N/m]

微分方程式は **2 階定数係数斉次線形**である．特性方程式を使って解くことも可能だが，まずは初等的な方法でこの微分方程式を解いてみる．微分方程式は，「$x(t)$ を t で 2 回微分すると $x(t)$ に負の定数がかかった形となる」ことを示している．我々が知っている範囲でこのような関数は**三角関数**のみである．

三角関数には sin と cos があるから，これらに任意定数を掛けて足してみよう．

$$x(t) = A\cos(\omega t) + B\sin(\omega t) \quad (A, B \text{ は任意の定数}) \tag{6.6}$$

ここで ω は適当に選んだ定数である．

さて，$x(t)$ は微分方程式の解になっているだろうか．(6.5) に代入してみよう．

$$-\omega^2 \{A\cos(\omega t) + B\sin(\omega t)\} = -\frac{k}{m}\{A\cos(\omega t) + B\sin(\omega t)\} \tag{6.7}$$

すなわち，$\omega^2 = k/m$ の関係があれば，(6.6) は微分方程式 (6.5) の一般解で

あることがわかる．つまり，これで微分方程式は解けたことになる．

「その他の可能性はないのか？」と訝る諸君もいるかもしれないが，それはありえない．なぜなら，任意定数を n 個含む n 階線形微分方程式の解は一般解であり，線形微分方程式に特異解は存在しないことが証明されているからである（→ 2.4.2 項，p.28）．

このように，おもりは定数 $\omega = \sqrt{k/m}$ を角振動数とする，$\sin(\omega t)$ と $\cos(\omega t)$ の線形結合で記述される振動を行うことがわかった．このような運動は**単振動**または**調和振動**とよばれ，あらゆる振動運動の基本となる運動である．

調和振動

物理量の時間変化が $\sin(\omega t)$ と $\cos(\omega t)$ の線形結合で表されるとき，その変化は**単振動**または**調和振動**とよばれる．ω は**角振動数**（**角周波数**）である．

また，角振動数 ω は系がもつ性質のみで決まるため，これをこの系の**固有角振動数**という．

固有振動

斉次微分方程式の解が振動解をもつとき，その振動を系の**固有振動**とよぶ．固有振動とは，系が外力なしに自然に振動している状態である．固有振動の角振動数を**固有角振動数**，振動数を**固有振動数**とよぶ．

次に，微分方程式(6.5)を特性方程式を使い解いてみよう．

$$\lambda^2 = -\frac{k}{m} \quad \longrightarrow \quad \lambda = \pm i\sqrt{\frac{k}{m}} \tag{6.8}$$

根は2つの純虚数である．$\sqrt{k/m}$ を ω におきかえれば，一般解は

$$x(t) = C_1 e^{i\omega t} + C_2 e^{-i\omega t} \quad (C_1, C_2 \text{は任意の定数}) \tag{6.9}$$

と書ける．これで，微分方程式は「解けた」ことになるが，見た目は(6.6)と全く似ていない．これはいったいどういうことなのだろうか．それについ

て考える前に，複素数の指数関数についていくつかの事実を復習しておこう．

複素数を表すのに便利なのが，図6.2のような2次元デカルト座標を使う方法である．これを**ガウス平面**または**複素平面**とよぶ．複素数 $x+iy$ は図のように，ガウス平面上の1点で表せる．一方，オイラーの公式は複素数の指数と三角関数を以下のように結ぶ．

オイラーの公式

$$e^{i\theta} = \cos\theta + i\sin\theta \tag{6.10}$$

$$\cos\theta = \frac{e^{i\theta} + e^{-i\theta}}{2} \tag{6.11}$$

$$\sin\theta = \frac{e^{i\theta} - e^{-i\theta}}{2i} \tag{6.12}$$

オイラーの公式と，デカルト座標と極座標の関係

デカルト座標 (x,y) から極座標 (r,θ) への変換

$$r = \sqrt{x^2 + y^2} \tag{6.13}$$

$$\theta = \tan^{-1}\left(\frac{y}{x}\right) \tag{6.14}$$

を考えれば，複素数の指数に実定数 R を掛けた $Re^{i\theta}$ は，$x+iy$ と以下のように関連づけられることがわかる．そして，この表式を**複素数の極形式**とよぶ．

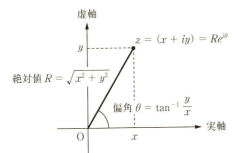

図6.2 ガウス平面上の複素数 $x+iy$

110　6　2階斉次微分方程式

複素数の極形式

$$x + iy = Re^{i\theta} \tag{6.15}$$

$$R = \sqrt{x^2 + y^2}, \quad \theta = \tan^{-1}\left(\frac{y}{x}\right)$$

R を極形式の**絶対値**，θ を極形式の**偏角**とよぶ．

以上を踏まえて(6.9)の解を吟味しよう．$x(t)$ はおもりの変位であるから，虚数成分をもつことはありえない．したがって，C_1 と C_2 に一定の制限が加えられる．

(6.9)をオイラーの公式で書きかえれば，

$$\begin{aligned} x(t) &= C_1\{\cos(\omega t) + i\sin(\omega t)\} + C_2\{\cos(\omega t) - i\sin(\omega t)\} \\ &= (C_1 + C_2)\cos(\omega t) + i(C_1 - C_2)\sin(\omega t) \end{aligned} \tag{6.16}$$

となる．$x(t)$ が実数となるためには「$C_1 + C_2$ が実数，$C_1 - C_2$ が純虚数」でなくてはならない．これらの関係を満たすのは，C_1 と C_2 が互いに**共役複素数**の場合のみである．

共役複素数

複素数 $z = (x + iy)$ に対し，$\bar{z} = (x - iy)$ を z の「共役複素数」とよぶ．共役複素数に対して以下の公式が成立する．

$$z + \bar{z} = 2x \tag{6.17}$$

$$z - \bar{z} = i2y \tag{6.18}$$

$$z\bar{z} = x^2 + y^2 = R^2 \tag{6.19}$$

改めて $C_1 + C_2$ を実数 A，$i(C_1 - C_2)$ を実数 B とおけば，

$$x(t) = A\cos(\omega t) + B\sin(\omega t) \quad (A, B \text{は任意の定数}) \tag{6.20}$$

となって，(6.6)と同じ結果となった．

さらに，C_1 を $Re^{i\delta}/2$ と極形式で表し，極形式の共役複素数の定理

極形式の共役複素数

複素数 $z = Re^{i\delta}$ の共役複素数は $\bar{z} = Re^{-i\delta}$ である．すなわち，極形

式の共役複素数は「絶対値が同じで偏角の符号が反対」の複素数である．

を使うと，(6.20)は単一の三角関数で表せることが示される．

$$x(t) = C_1 e^{i\omega t} + C_2 e^{-i\omega t}$$
$$= \frac{R}{2} e^{i\delta} e^{i\omega t} + \frac{R}{2} e^{-i\delta} e^{-i\omega t}$$
$$= \frac{R}{2} e^{i(\omega t + \delta)} + \frac{R}{2} e^{-i(\omega t + \delta)}$$
$$= R \cos(\omega t + \delta) \qquad (6.21)$$

これらは，とても大切な関係なのでまとめておこう．

単振動の一般解の2つの形式

単振動
$$x(t) = A \cos(\omega t) + B \sin(\omega t) \qquad (6.22)$$

は

$$x(t) = R \cos(\omega t + \delta) \qquad (6.23)$$

と書くことができて，このとき

$$R = \sqrt{A^2 + B^2}, \quad \delta = -\tan^{-1} \frac{B}{A} \qquad (6.24)$$

の関係がある．

(6.24)の関係を証明する．

【証明】 (6.20)から，$A = C_1 + C_2$，$B = i(C_1 - C_2)$ である．一方，(6.21)から，$C_1 = Re^{i\delta}/2$，$C_2 = Re^{-i\delta/2}/2$ である．したがって，

$$\sqrt{A^2 + B^2} = \sqrt{(C_1 + C_2)^2 + \{i(C_1 - C_2)\}^2} = \sqrt{4C_1 C_2} = R$$

が示される．また，

$$A = C_1 + C_2 = \frac{R}{2}(e^{i\delta} + e^{-i\delta}) = R \cos \delta$$

$$B = i(C_1 - C_2) = i\frac{R}{2}(e^{i\delta} - e^{-i\delta}) = -R \sin \delta$$

$$\therefore \quad -\tan \delta = \frac{B}{A}$$

が示される. **証明終**

ここまで見てきたように,単振動の微分方程式は,特性方程式を使ってまともに解こうとするとかなり複雑である.しかし,単振動の微分方程式はしばしば登場するので,微分方程式が $\ddot{x} = -\omega^2 x$ と書けるなら,その一般解は以下の表式のどちらか,と暗記してしまえばよい.

単振動の微分方程式とその一般解

微分方程式が
$$\ddot{x} = -\omega^2 x \tag{6.25}$$
の形だったら,その一般解は次の形のどちらかである.
$$x(t) = A\cos(\omega t) + B\sin(\omega t) \quad (A, B は任意の定数) \tag{6.26}$$
$$x(t) = R\cos(\omega t + \delta) \quad (R, \delta は任意の定数) \tag{6.27}$$

(6.26)と(6.27)は全く等価な表現だから,問題に応じて都合のよい方を選択する.

図6.1の系の問題に初期条件を与え,運動を決定しよう.いくつか典型的な初期条件が考えられるが,最も一般的なのは,「おもりをあらかじめ x_0 だけ変位させておき,時刻ゼロで手を離す」というものである.すると初期条件は
$$x(0) = x_0, \quad \dot{x}(0) = 0 \tag{6.28}$$
と書ける.2つの独立した初期条件が与えられれば,2階の微分方程式の任意定数は決定できる.(6.27)を使おう.
$$x(0) = R\cos\delta = x_0$$
$$\dot{x}(0) = -\omega R\sin\delta = 0$$
$$\therefore \quad \delta = 0, \quad R = x_0$$
$$x(t) = x_0 \cos(\omega t) \tag{6.29}$$

これが,決定されたおもりの運動である.(6.29)の振る舞いを図6.3に示す.

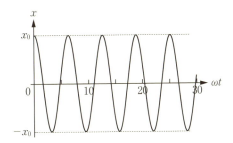

図 **6.3** ばねにおもりがつけられた系における，おもりの位置の時間変化．初期条件は時刻ゼロでおもりを $x = x_0$ から静かに離す．

特性方程式の根が純虚数になる線形微分方程式は，その解が単振動になるため，無限の時間が経過しても運動は停止しない．この理由を，別の角度から考えてみよう．

(6.5) は，物体にはたらく力が物体の位置のみで決まることを意味している．詳しい説明は省略するが，このとき物体は位置の関数で与えられる「ポテンシャルエネルギー」をもち，失われた運動エネルギーがポテンシャルエネルギーになって蓄積されるため力学的エネルギーが散逸しない．そのため，運動は永遠に持続する．

一方，第 5 章で扱った，速度に比例する抵抗力を受ける運動 (→ 5.4.1 項，p.89) は，特性方程式が負の実根をもつ．そのため一般解は $e^{-(\gamma/m)t}$ の形をもち，外力がなければ $x(t)$ は時間の経過とともにゼロに漸近する．これも，力学の立場で考えれば説明ができる．

抵抗力は常に運動方向と反対である．一方，運動する物体に対して外力がする仕事の仕事率は，以下の式で表される．

運動する物体に対して外力がする仕事の仕事率

$$P = \boldsymbol{F} \cdot \boldsymbol{v} \qquad (6.30)$$

P：仕事率 [W]

$\boldsymbol{F}$：力 [N]

$\boldsymbol{v}$：物体の速度 [m/s]

そのため，抵抗力がする仕事は常にマイナスで，物体がもつ力学的エネルギーは減少する．

6.2.2 単振り子

図 6.4 のように,天井に取りつけられた軽いひもと,ひもの先端に取りつけられた小さなおもりからなる系は**単振り子**とよばれ,力学において大変重要な問題である.物体にはたらく力を解析し,運動方程式を立てよう.

今,ひもが緩まないようにおもりを持ち上げて静かに手を離したとする.すると,おもりはある鉛直面内で往復運動をするだろう.運動は 2 次元平面内で行われるため,本来は運動を表す従属変数も 2 つ必要であり,運動を解析するためには連立微分方程式(→第 8 章)を解く必要がある.

しかし,今考えている問題では,おもりの運動はある決まった軌道上に拘束されている.この場合,運動を表す変数は 1 つでよく,解くべき運動方程式も 1 つになる.今の問題では,図 6.4 に示されるように,ひもが鉛直の位置を原点にとり,おもりの軌道に沿って測った距離を x とおく.

運動方程式 $m\ddot{x} = F$ はこの場合でも成り立っているが,軌道方向に沿った力のみが物体の加速に関わることに注意せよ.おもりにはたらく力は重力と張力で,張力は常に軌道に垂直だからおもりの加速には関わらない.一方,重力の軌道に沿った成分は,角度 θ を図 6.4 のようにとったとき,$-mg\sin\theta$ と書ける.したがって,運動方程式は

$$m\ddot{x} = -mg\sin\theta \tag{6.31}$$

となる.微分方程式には l と θ の 2 つの従属変数が現れるが,角度をラジア

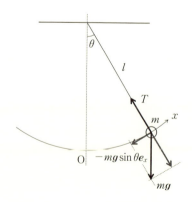

図 6.4 単振り子と,おもりにはたらく力.軌道に沿って曲線座標系 x をとる.

ンで測り，$x = l\theta$ を利用すれば従属変数は θ に統一できる[†1]．これで，$\theta(t)$ が従う運動方程式が得られた．

単振り子の運動方程式

$$l\ddot{\theta} = -g\sin\theta \tag{6.32}$$

l：ひもの長さ [m]

θ：振り子の角度 [rad]

g：重力加速度 [m/s^2]

これは一見すると単振動の運動方程式だが，よく見ると微分方程式は従属変数 θ の三角関数を含み，これは **2 階の非線形微分方程式**である．この微分方程式は大変手強い問題で，本書が取り扱う範囲をはるかに超える．解を初等的な関数（三角関数や指数関数）で表すことはできず，θ を独立変数とした積分と t を結ぶ以下の表現[4]が知られている．

$$\int_0^\theta \frac{d\left(\frac{\theta}{2}\right)}{\sqrt{\sin^2\left(\frac{\theta_0}{2}\right) - \sin^2\left(\frac{\theta}{2}\right)}} = \sqrt{\frac{g}{l}}\, t \tag{6.33}$$

θ_0：振り子の最大の振れ角

一方，振り子の振幅が充分小さいときは $\sin\theta \approx \theta$ の近似が成り立つため，運動方程式は単振動の運動方程式となる．

振幅の小さい単振り子の運動方程式

$$l\ddot{\theta} = -g\theta \tag{6.34}$$

l：ひもの長さ [m]

θ：振り子の角度 [rad]

g：重力加速度 [m/s^2]

したがって，一般解は (6.26)，あるいは (6.27) の単振動で表される．今回

---

†1　l は定数だから，両辺を時間で微分すれば $\dot{x} = l\dot{\theta}$，$\ddot{x} = l\ddot{\theta}$．

は(6.27)の方を使おう．従属変数をθに変え，$\omega = \sqrt{g/l}$とおけば，
$$\theta(t) = R\cos(\omega t + \delta) \quad (R, \delta \text{は任意の定数}) \quad (6.35)$$
である．

初期条件を「時刻ゼロで，ひもの角度θ_0の位置からおもりを静かに離した」とする．これは，数式では
$$\theta(0) = \theta_0, \quad \dot{\theta}(0) = 0 \quad (6.36)$$
と表され，これらを微分方程式に代入すれば運動が決定できる．
$$\theta(t) = \theta_0 \cos(\omega t) \quad (6.37)$$

初期条件として，異なる状況を設定することもできる．今度は，「ひもは鉛直の状態で静止しており，時刻ゼロでおもりを水平に軽く叩いて運動させる」としよう（図6.5）．時刻ゼロで与えられた速度をv_0とする．すると初期条件は
$$\theta(0) = 0, \quad \dot{\theta}(0) = \frac{v_0}{l} \quad (6.38)$$
で，(6.35)に代入して解けば，以下のようになる．
$$\theta(t) = -\frac{v_0}{\omega l}\cos\left(\omega t + \frac{\pi}{2}\right) \quad (6.39)$$

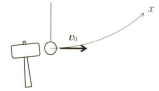

図6.5 単振り子の初期条件．時刻ゼロでおもりを叩いて初速度を与える．

一方，(6.26)の形式を使い，同じ初期条件を代入すれば
$$\theta(t) = \frac{v_0}{\omega l}\sin(\omega t) \quad (6.40)$$
を得るが，$\sin\theta = -\cos(\theta + \pi/2)$の関係があるので，これらは数学的に等価なものである．

(6.37)と(6.40)をグラフにしたものを図6.6に示す．

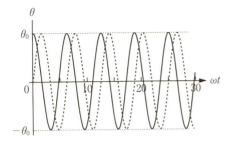

図 6.6 単振り子の, おもりの角度の時間変化. 実線はおもりを $\theta = \theta_0$ から静かに離したとき, 点線はおもりを軽く叩いたときの運動. $\theta_0 = v_0/(\omega l)$ となるよう初期条件を調整した.

6.2.3 LC 直列回路

コンデンサーに流れる電流と端子間電位差の関係が 1 階の積分, コイルに流れる電流と端子間電位差の関係が 1 階の微分で表されるから, 両者を組み合わせたものは 2 階の微分方程式となる. 図 6.7 の回路は **LC 直列回路** とよばれる. 今はまだ非斉次項（電源）は考えないようにしよう.

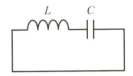

図 6.7 LC 直列回路

回路に流れる電流 $I(t)$ を従属変数として, キルヒホッフの法則を用いて微分方程式を立てると

$$L\dot{I} + \frac{1}{C}\int I\,dt = 0 \tag{6.41}$$

と書ける. これを時間で 1 回微分すると, 以下の微分方程式を得る.

LC 直列回路の微分方程式

$$L\ddot{I} + \frac{I}{C} = 0 \tag{6.42}$$

L：インダクタンス [H]

I：電流 [A]

C：容量 [F]

やはり, これも単振動の微分方程式である. $\omega = \sqrt{1/LC}$ とおけば, 一般解は (6.26), あるいは (6.27) の形式である. 今回は従属変数を I として,

(6.26) を採用しよう．

$$I(t) = C_1 \cos(\omega t) + C_2 \sin(\omega t) \quad (C_1, C_2 \text{は任意の定数}) \quad (6.43)$$

初期条件を決め，電流を定めよう．注意すべきは，第 5 章で扱った 1 階の微分方程式と異なり，2 階の微分方程式の任意定数を決めるためには，2 つの独立した初期条件が必要，という点である．

初期条件を，「時刻ゼロで電流はゼロ，コンデンサー両端の電位差は V_0」とする．すると，キルヒホッフの第 2 法則から任意の時刻で $V_L + V_C = 0$ だから，$\dot{I}(0)$ が決まる．

$$V_L(0) = L\dot{I}(0) = -V_0 \quad (6.44)$$

すなわち，2 つの初期条件

$$I(0) = 0, \quad \dot{I}(0) = -\frac{V_0}{L} \quad (6.45)$$

を得る．これを微分方程式に代入して解けば

$$I(t) = -\frac{V_0}{\omega L}\sin(\omega t) \quad (6.46)$$

を得る．

図 6.7 の回路が単振動する理由を直感的に説明すると，コンデンサーは電荷を蓄積する素子，コイルは電流を蓄積する素子なので，コンデンサーが放出した電荷をコイルが電流の形で蓄積し，コイルが放出した電流をコンデンサーが電荷の形で蓄積する，といったサイクルを繰り返すためである．理想的なコイル，コンデンサーにはエネルギー損失がないので，電気的な振動は永久に持続する．

6.3 減衰振動

日常的な経験からもわかるように，振動運動は永久的には続かず，外力を加えない限りは減衰し，やがて止まってしまう．これは，運動に伴う抵抗が運動エネルギーを徐々に奪っていくためである．これを**減衰振動**という．前

節で述べた「ばねとおもり」,「LC 直列回路」に減衰項を加えた系について考える.

6.3.1 ばねとおもりの系

人為的に,振動に対して減衰力を与える機構の代表的なものが,図 6.8 に示される**オイルダンパー**または**ダッシュポット**とよばれるものである.ダンパーは注射器のようなシリンダーとピストンからなり,油が封入されている.ピストンを動かすと,油はシリンダーとピストンの隙間を流れるので抵抗が生じる.このとき,抵抗力はピストンの運動速度に比例するので,力は 5.4 節(→ p.88)で学んだ「速度に比例する抵抗」と同じに書ける.抵抗力を $F_R = -\gamma \dot{x}$ として運動方程式を立てる.

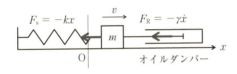

図 6.8　図 6.1 の系にダンパーを装着.ダンパーがおもりに及ぼす力は,おもりの速度と逆方向で大きさは速度に比例する.

ばね,おもり,ダンパーの運動方程式

$$m\ddot{x} = -kx - \gamma\dot{x} \tag{6.47}$$

m:おもりの質量 [kg]

x:おもりの位置 [m]

k:ばね定数 [N/m]

γ:粘性抵抗の係数 [kg/s]

運動方程式は **2 階定数係数斉次線形微分方程式**である.特性方程式を立てて解こう.ここで,以降の解析を楽にするため,$\gamma/m = 2\kappa$,$k/m = \omega_0^2$ とおきなおす.

$$\ddot{x} + 2\kappa\dot{x} + \omega_0^2 x = 0$$

$$\lambda^2 + 2\kappa\lambda + \omega_0^2 = 0 \tag{6.48}$$

2次方程式の根の公式を使えば，特性方程式の根が得られる．

$$\lambda_1 = -\kappa + \sqrt{\kappa^2 - \omega_0^2}, \quad \lambda_2 = -\kappa - \sqrt{\kappa^2 - \omega_0^2} \tag{6.49}$$

微分方程式の一般解は，λ_1, λ_2 を使って書ける．

$$x(t) = C_1 e^{\lambda_1 t} + C_2 e^{\lambda_2 t} \quad (C_1, C_2 \text{は任意の定数}) \tag{6.50}$$

これで運動方程式は解けたが，(6.50)から $x(t)$ の様子を想像することは難しい．

実は，(6.50)が表す運動は，κ^2 と ω_0^2 の大きさの比によって大きく様相を変える．まずは，κ^2 と ω_0^2 の比率を変え，$x(t)$ をグラフにしたものを図6.9に示す．これらの，κ^2 と ω_0^2 の比により変わる運動は3種類に分類されている．それぞれの運動は固有の特徴をもち，それを活かして工学的な応用がなされている．

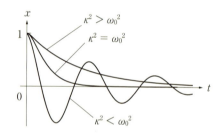

図 6.9 (6.50) の解．κ^2 と ω_0^2 の大きさの比が異なる3つのパターンを例示．いずれも，$t=0$ で $x=1$, $\dot{x}=0$ を初期条件として C_1, C_2 を決定した．

過減衰 ($\kappa^2 > \omega_0^2$)

このとき，特性方程式の根は2つの負の実数となり，運動方程式の解は2つの減衰する指数関数で表される．

$$\begin{aligned} x(t) &= C_1 e^{-\alpha_1 t} + C_2 e^{-\alpha_2 t} \quad (C_1, C_2 \text{は任意の定数}) \\ \alpha_1 &= \kappa - \sqrt{\kappa^2 - \omega_0^2}, \quad \alpha_2 = \kappa + \sqrt{\kappa^2 - \omega_0^2} \end{aligned} \tag{6.51}$$

おもりは振動せず，緩やかに平衡の位置に向かって近づいていく．このような運動は**過減衰**とよばれる．

過減衰の工学的応用例として，緩やかに閉まるドアの機構（ドアクローザー）が挙げられる（図6.10）．ドアクローザーはばねとオイルダンパーを組み合わせて作られているが，ばねの強さとダンパーの抵抗の大きさの比が過

図 6.10　ドアクローザー

減衰になるよう定められている．

臨界減衰 ($\kappa^2 = \omega_0{}^2$)

このとき，特性方程式の根は重根となり，運動方程式の解は素直に2つの指数関数で表すことはできない．一般解は

$$x(t) = (C_1 + C_2 t)e^{-\kappa t} \quad (C_1, C_2 は任意の定数) \quad (6.52)$$

となる（→ 2.4.5 項, p. 32）．このような運動は**臨界減衰**とよばれている．これ以上抵抗が少なくなるとおもりは原点をまたいでしまうが，おもりが原点を超えない運動で最も早く原点に近づくのが臨界減衰の条件である．

臨界減衰の条件が利用されるのが，自動車のサスペンションである（図 6.11）．サスペンションは，ばねとオイルダンパーの組み合わせで作られている．ある瞬間に，ばねに大きな圧縮力が加わったとしよう．状況は，例えばタイヤが段差を乗り越えたような場合である．すると，ばねが圧縮され，サスペンションが縮むことで段差が与える撃力が車体に直接伝わるのを防ぐ．その後，ばねは伸びて元の位置に戻るが，ダンパーが弱すぎるとばねは

図 6.11　サスペンション

平衡の位置から伸び側に変位し，車体が何度も弾んでしまう．ダンパーが強すぎると，撃力に対してばねが充分縮まないため，ショックがそのまま車体に伝わってしまう．その中庸が臨界減衰条件なのである[†2]．

減衰振動 ($\kappa^2 < \omega_0^2$)

このとき，特性方程式の根は2つの複素数となる．素直に指数関数に代入すると，

$$x(t) = C_1 e^{(-\kappa + i\omega)t} + C_2 e^{(-\kappa - i\omega)t} \quad (C_1, C_2 は任意の定数, \omega = \sqrt{\omega_0^2 - \kappa^2})$$
(6.53)

となり，これをオイラーの公式で変形すれば，運動は

$$x(t) = Re^{-\kappa t}\cos(\omega t + \delta) \quad (R, \delta は任意の定数) \quad (6.54)$$

となる．すなわち，おもりは振幅を減らしながら振動する．このような運動は**減衰振動**とよばれる．日常見かける振動運動の多くは減衰振動でよく近似される．例えばギターの弦を弾くとポーンと長い音が鳴り，やがて消えていく（図6.12）．これは典型的な減衰振動である．

図6.12 ギター

時刻ゼロで変位が x_0，速度をゼロとして運動を決定すると，定数 R, δ はそれぞれ

$$R = \frac{\omega_0}{\omega} x_0, \quad -\tan\delta = \frac{\kappa}{\omega_0} \quad (6.55)$$

となる．$\kappa^2 \ll \omega_0^2$ のときは $\delta \approx 0$，$\omega \approx \omega_0$ の近似が成り立ち，運動は以下

[†2] 実際には，乗り心地を優先して多少は振動させるようセッティングするようである．

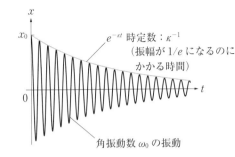

図 6.13 (6.56) で与えられる，減衰が緩やかな減衰振動における $x(t)$

のように表される．

$$x(t) = x_0 e^{-\kappa t} \cos(\omega_0 t) \tag{6.56}$$

変位の時間変化をグラフにしたものを図 6.13 に示す．(6.56) は，減衰する指数関数と角振動数 ω_0 の調和振動の積になっている．

4.2.1 項の「放射性元素の崩壊」で見たように (→図 4.2, p.58)，指数関数的減衰の特徴は「一定の時間ごとに値が元の $1/e$ になる」ことで，その時間が「時定数」であった．(6.56) の時定数は κ^{-1} で与えられる．

また，角振動数は減衰定数を含まない $\omega_0 = \sqrt{k/m}$ で与えられる．これを，減衰振動の系の**不減衰固有角振動数**とよぶ．まとめると，(6.56) が与える運動は，「時間が κ^{-1} 経過するごとに振幅が元の $1/e$ になる，角振動数 ω_0 の減衰振動」である．

6.3.2 RLC 直列回路

図 6.14 のように R, L, C を直列に接続した回路は **RLC 直列回路**とよばれる．ここに交流電源（非斉次項）を接続したときの回路の振る舞いは第 7 章で詳細に解析するので，今は電源を含まない回路について考えよう．

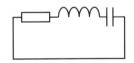

図 6.14 RLC 直列回路

回路に流れる電流 $I(t)$ を従属変数として，キルヒホッフの法則を用いて微分方程式を立てると

$$L\dot{I} + RI + \frac{1}{C}\int I\,dt = 0 \qquad (6.57)$$

となる．これを時間で1回微分すると以下の微分方程式を得る．

RLC 直列回路の微分方程式

$$L\ddot{I} + R\dot{I} + \frac{I}{C} = 0 \qquad (6.58)$$

L：インダクタンス [H]

I：電流 [A]

R：抵抗 [Ω]

C：容量 [F]

RLC 直列回路の微分方程式も，図 6.8 に示されたばね，おもり，ダンパーの系と同じく**2階定数係数斉次線形微分方程式**である．以降は図 6.8 の系を「機械系」とよぼう．

(6.58) を最初から解くことはせず，対応する機械系の微分方程式 (6.47) を見て，変数の変換によって解を得る．両者を比較すれば，以下の変数変換を行えば，(6.58) は (6.47) と全く同じになることがわかる．

機械系とRLC直列回路の対応

$$L \longrightarrow m \qquad (6.59)$$
$$R \longrightarrow \gamma \qquad (6.60)$$
$$\frac{1}{C} \longrightarrow k \qquad (6.61)$$

機械系の $x(t)$ に相当するのが $I(t)$ で，それは (6.59) から (6.61) の逆変換を (6.50) に施せば得られる．わかりやすいように κ, ω_0 を回路の定数で求めておけば

$$\kappa = \frac{R}{2L}, \quad \omega_0 = \sqrt{\frac{1}{LC}} \qquad (6.62)$$

で，$I(t)$ は以下の通りである．

$$I(t) = C_1 e^{\lambda_1 t} + C_2 e^{\lambda_2 t} \quad (C_1, C_2 \text{は任意の定数}) \tag{6.63}$$

$$\lambda_1 = -\frac{R}{2L} + \sqrt{\left(\frac{R}{2L}\right)^2 - \frac{1}{LC}} \tag{6.64}$$

$$\lambda_2 = -\frac{R}{2L} - \sqrt{\left(\frac{R}{2L}\right)^2 - \frac{1}{LC}} \tag{6.65}$$

電気回路においては,特に電流が振動するパラメータの組み合わせに興味がもたれる.機械系との対応から,これは $(R/2L)^2 < 1/(LC)$ という条件で得られ,$(R/2L)^2 \ll 1/(LC)$ の近似の下では,$I(t)$ は

$$I(t) = I_0 e^{-(R/2L)t} \cos\left(\sqrt{\frac{1}{LC}} t\right) \tag{6.66}$$

となる.ここで,初期条件は機械系と同様に,時刻ゼロにおいて $I = I_0$, $\dot{I} = 0$ を与えた.

6.3.3 アナログコンピューター

6.3.1 項で述べた機械的な振動と,6.3.2 項の RLC 直列回路は,変数が示す物理量が異なるだけで,全く同じ微分方程式で記述されることに注目する.ここから,我々は m と L, k と C, γ と R の関係を適切に設定すれば,機械的振動の系と同様に振る舞う RLC 直列回路を構成することができる.これが**アナログコンピューター**の基本原理である.

実際に解析される系はもっと複雑で,例えば鉄骨とコンクリートを組み合わせて作られた構造物などであるが,これらは基本的にはばねとおもり,ダンパーなどの要素をネットワーク状に組み合わせたものでモデル化できる.

構造物が地震の振動に対してどれほどの振幅で振動するかを知るために,実際に作ってみて試すわけにはいかない.そこで,電気的に全く同じ微分方程式に従う回路を組み,地震動に相当する振動電位を与え,電流を計測することで構造物の振幅を確認することが昭和 40 年代頃まで行われていた(図 6.15).

現代ではデジタルコンピューターの技術が洗練を極め,複雑な微分方程式

図 **6.15** 強震応答解析用アナログ計算機 SEARC（1961 年）．霞が関ビルの耐震解析に使用された．国立科学博物館所蔵情報処理技術遺産．画像提供：国立科学博物館．

を高速に，かつ正確に直接解けるようになったため，アナログコンピューターは廃れてしまった．今では高さ 1,000 m を超えるビルですら建築が可能となったが，それはデジタルコンピューターの高度な計算能力に負うところが大きい．しかし，そんな技術がまだなかった頃，コイルやコンデンサーを使って設計された霞が関ビルが 50 年を経て今も現役でいることは，日本の建築史上の記念碑として誇るべきであろう．

章 末 問 題

6.1 一般解を求めなさい．

(a) $y'' - 3y' - y = 0$

(b) $3y'' + 2y' - y = 0$

(c) $\dfrac{1}{2}y'' + 3y' - y = 0$

(d) $y'' - 6y' = -9y$

(e) $y'' - 2e^{i\pi}y' + y = 0$

(f) $y'' - 2y' \cos \pi + y = 0$

6.2 LC 直列回路の電気振動を定めるには 2 つの初期条件が必要だが，これを「時刻ゼロにおける電流」と「時刻ゼロにおけるコイル両端の電位差」としてもよい．

(a) $I(0) = I_0$, $V_L(0) = V_0$ としたとき，$I(t)$ を求めなさい．

(b) 「電流の振幅を A, 時刻ゼロにおける電流が I_0」という電気振動を作りたい．V_0 を問いに与えられた量で表しなさい．

6.3 1次元の，無限に深い角井戸型ポテンシャルのなかに閉じ込められている電子を考える．井戸の幅は L で，壁は $x=0$ と $x=L$ にある．量子力学によれば，この電子の波動関数 $\phi(x)$ が従う微分方程式（シュレーディンガー方程式）は，$\dfrac{d^2\phi}{dx^2}=-k^2\phi$ で与えられる．ここで，k は正の定数で，電子のエネルギーで決まる．また，「井戸に閉じ込められている」境界条件は，$\phi(0)=\phi(L)=0$ で与えられる．

(a) $\phi(x)$ の一般解を三角関数を用い表しなさい．
(b) 境界条件 $\phi(0)=0$ を利用して，2つの任意定数の片方を決定しなさい．
(c) さらに境界条件 $\phi(L)=0$ を利用して，残りの任意定数の値を決定できるか？　ただし，任意の x で $\phi(x)=0$ なる解は，電子が存在しないことを意味するため採用できない．

7

2階非斉次微分方程式

　本章では，2階非斉次の微分方程式について学ぶ．本章の内容の大部分は，前章で取り上げた2階斉次線形微分方程式に，「外力項」が加わったときの系の応答についての議論に費やされる．

　前章で学んだように，2階の線形微分方程式は「ばねとおもり」，「RLC回路」という，機械と電気でそれぞれ最も重要な対象を表す．そして，機械系において一定の大きさの「外力」，つまり非斉次項を加えたときの系の応答は，ちょうど台はかりにおもりを載せたときの皿の動きや，急に荷重がかかったときの自動車のサスペンションの動きと同じものである．

　一方，調和関数で表される外力を受けたとき，系はその「固有振動数」と外力の振動数の比率によって劇的に応答を変えることがわかる．そして，「共振現象」とよばれる現象が我々の日常生活のさまざまな場面に潜んでいることを学ぶだろう．

　本章の最後は，線形微分方程式を離れ，第1章で論じた「カテナリー曲線」の問題を微分方程式で定式化し，それを解くことを試みる．

7.1　2階非斉次微分方程式の一般形

　正規系の2階非斉次微分方程式は，一般に以下の形を取り得る．

2階非斉次微分方程式の正規形

$$y'' + Q(y', y, x) = f(x) \tag{7.1}$$

$Q(y', y, x)$：y', y, x を引数とする任意の関数
$f(x)$　　　：x を引数とする任意の関数

　ただし，本章も定数係数の2階線形微分方程式に的を絞って議論を進める．すると，解くべき微分方程式は，(6.3)に x を引数とする任意の関数

$f(x)$ を加えた以下の形である．

> **2 階定数係数非斉次線形微分方程式**
>
> $$y'' + a_1 y' + a_0 y = f(x) \tag{7.2}$$
>
> a_1, a_0：問題となる系の性質により決まる定数
> $f(x)$：x を引数とする任意の関数

非斉次線形微分方程式の解法はすでに何度も経験してきたので，ここでは簡潔にその過程と結果を述べるにとどめる．まず，対応する斉次形の特性方程式を解き，一般解を得る．微分方程式の係数を(7.2)として，2次方程式の根の公式を使えば，特性方程式の根は

$$\lambda_1 = \frac{-a_1 + \sqrt{a_1^2 - 4a_0^2}}{2}$$
$$\lambda_2 = \frac{-a_1 - \sqrt{a_1^2 - 4a_0^2}}{2} \tag{7.3}$$

と書ける．微分方程式の一般解は，λ_1, λ_2 を使って

$$y(x) = C_1 e^{\lambda_1 x} + C_2 e^{\lambda_2 x} \quad (C_1, C_2 \text{は任意の定数}) \tag{7.4}$$

と書ける．ただし，λ が重根の場合は例外で，一般解は

$$y(x) = (C_1 + C_2 x) e^{\lambda x} \quad (C_1, C_2 \text{は任意の定数}) \tag{7.5}$$

である．続いて，(7.2)を満たす特殊解，$y_s(x)$ を何か1つ見つける．見つけ方の一般的戦略については第2章で示した．

こうして得られた $y_s(x)$ を用い，(7.2)の一般解は

$$y(x) = C_1 e^{\lambda_1 x} + C_2 e^{\lambda_2 x} + y_s(x) \quad (C_1, C_2 \text{は任意の定数}) \tag{7.6}$$

と書ける．λ が重根の場合は(7.5)を使い，

$$y(x) = (C_1 + C_2 x) e^{\lambda x} + y_s(x) \quad (C_1, C_2 \text{は任意の定数}) \tag{7.7}$$

となる．2つの初期条件（初期値問題）または境界値（境界値問題）が与えられれば C_1, C_2 は決定できて，$y(x)$ が決定される．

7.2 ステップ入力に対する応答

7.2.1 台はかりの微分方程式

図 7.1 のような**台はかり**について考える．台はかりとは，フックの法則を利用して物体の質量を計測する装置である．台はかりの構造を模式的に表したものを図 7.2 に示した．台はかりの主要な部分は皿，皿に取りつけられたばね，そしてダンパーからなる．これは第 6 章で議論した**ばねとおもりの系**と全く同一である．

皿に，ある質量の物体を載せると，ばねが縮んで皿が沈む．ばねの変形量は物体の質量に比例する．皿に取りつけられた歯車がばねの変形量に比例して回転し，歯車に取りつけられた針は目盛り板に書かれた質量の値を指示する．一見単純な装置だが，実際にきちんと動く台はかりを作るのはなかなか大変な作業であることをこれから見ていこう．

皿の動きを微分方程式で表し，それを解くことを試みる．y 軸を，物体が載っていないときの皿の位置を原点にして，下向きを正にとる．

簡単のために皿の質量は無視して，時刻ゼロで質量 m のおもりが静かに皿に載せられた状況を考える．これは，時刻ゼロで，系に大きさ mg の一定の外力が加えられたことに相当する．

図 7.1　台はかり

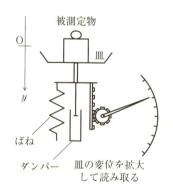

図 7.2　台はかりの原理

> **台はかりの運動方程式**
>
> $$m\ddot{y} + \gamma \dot{y} + ky = mg \qquad (7.8)$$
>
> m：おもりの質量 [kg]
> y：皿の変位 [m]
> γ：速度に比例する抵抗 [kg/s]
> k：ばね定数 [N/m]

6.3.1 項（→ p.119）と同様に $\gamma/m = 2\kappa$, $k/m = \omega_0^2$ とおくと，斉次形の解が求まる．

$$y(t) = C_1 e^{\lambda_1 t} + C_2 e^{\lambda_2 t} \quad (C_1, C_2 \text{は任意の定数}) \qquad (7.9)$$

$$\lambda_1 = -\kappa + \sqrt{\kappa^2 - \omega_0^2}, \quad \lambda_2 = -\kappa - \sqrt{\kappa^2 - \omega_0^2} \qquad (7.10)$$

ただし，(7.9) は特性方程式が重根の場合を除く．

非斉次形の特殊解を求めよう．非斉次項が定数なら特殊解も定数を試すのが合理的である．特殊解を y_t として (7.8) に代入すれば，$y_t = mg/k$ を得る．したがって，微分方程式 (7.8) の一般解が求まる．

$$y(t) = C_1 e^{\lambda_1 t} + C_2 e^{\lambda_2 t} + y_t \quad (C_1, C_2 \text{は任意の定数}) \qquad (7.11)$$

$$\lambda_1 = -\kappa + \sqrt{\kappa^2 - \omega_0^2}, \quad \lambda_2 = -\kappa - \sqrt{\kappa^2 - \omega_0^2} \qquad (7.12)$$

$$y_t = \frac{mg}{k} \qquad (7.13)$$

定義から $\kappa > 0$ だから，指数関数を含む項は必ず減衰する．充分な時間が経った後には特殊解である y_t が残り，針は目盛り板上の一点で静止する．これが，台はかりによる質量計測の原理である．

7.2.2 2次遅れ系

図 7.2 の問題を制御工学の立場で考えよう．台はかりとは，質量 m という入力に対し，それに比例する大きさの変位 y_t という応答を与える一種の制御系と考えることができる．これを概念的に表したものが図 7.3 である．理想の制御系とは，入力に対して応答が常に目標値に一致することだが，お

132　7　2階非斉次微分方程式

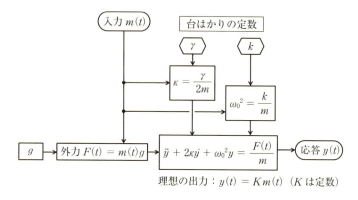

図 7.3　台はかりを制御系として見たときの，入力，応答および調整可能な定数．調整可能な定数を六角形の囲みで表す．

もりには慣性があるので，応答が安定するためには一定の時間が必要である．これを制御工学では**遅れ要素**とよぶ．

遅れ要素は，系を表す微分方程式においては微分の階数で表される．系が1階の微分方程式で表されるとき系は**1次遅れ**，2階の微分方程式で表されるとき系は**2次遅れ**とよばれる．したがって，台はかりは2次遅れの制御系である．

制御系が入力に対してどのように応答するかを考えるとき，重要な目安となるのが**ステップ応答**である．これは，時刻ゼロで，ある一定の大きさの入力を与えたときの系の応答を指す．今考えている台はかりの問題は，時刻ゼロで台に一定の力が加わると仮定したから，これは系のステップ応答を見ていることになる．

(7.11)から出発し，自然な仮定として初期条件を時刻ゼロで $y = 0$，$\dot{y} = 0$ として，任意定数が以下のように決定される．

$$C_1 = y_t\left(\frac{\kappa}{\sqrt{\kappa^2 - \omega_0^2}} - 1\right), \quad C_2 = -y_t\left(\frac{\kappa}{\sqrt{\kappa^2 - \omega_0^2}} + 1\right) \quad (7.14)$$

y_t：充分時間が経った後の皿の位置 [m]

制御工学では，図7.2のような系の振る舞いを解析する際に，$y(t)$ が従

う微分方程式を立て，それを解くという手段はとらない．その代わり，系を構成するばねや抵抗などの要素を**ラプラス変換**して，そのつながりを**ブロック線図**で表し，**伝達関数**を求めるという手法が独特の発展を遂げている．本書は制御工学を主題としないため，これらの用語についての解説は割愛する．興味を持った読者は制御工学の専門書にあたってもらいたい．

我々は，むしろこの系がどのような微分方程式で表現されるのか，そしてその解はどのような関数となるのかに興味がある．したがってここでは，ステップ入力を受けた2次遅れ系の応答を，実際に $y(t)$ を求めることで見ていこう．

第6章で述べたように，$y(t)$ は $(\kappa^2 - \omega_0{}^2)$ の符号により大きく様相を変える．ここで，制御工学の分野で使われている**減衰比**という概念を導入すると，以降の議論の見通しが大変よくなる．本書もそれに倣おう．

減衰比

2階線形微分方程式 $\ddot{y} + 2\kappa\dot{y} + \omega_0{}^2 y = f(t)$ で表される系において，減衰比 ζ を κ と ω_0 の比と定義する．
$$\zeta \equiv \frac{\kappa}{\omega_0} \tag{7.15}$$

すると，特性方程式の根は，$\zeta > 1$ のときは2つの実根，$\zeta = 1$ のときは重根，$\zeta < 1$ のときは2つの複素根となることがわかる．

以降は，(7.12)と(7.14)に $\kappa = \omega_0 \zeta$ を代入して κ を消去，解を ω_0 と ζ を使い表す．

過減衰 ($\zeta > 1$)

微分方程式の解は以下の形となる．
$$y(t) = C_1 e^{\lambda_1 t} + C_2 e^{\lambda_2 t} + y_t \tag{7.16}$$
$$\lambda_1 = -\omega_0 \zeta + \omega_0 \sqrt{\zeta^2 - 1}, \quad \lambda_2 = -\omega_0 \zeta - \omega_0 \sqrt{\zeta^2 - 1} \tag{7.17}$$
$$C_1 = \frac{y_t}{2}\left(\frac{\zeta}{\sqrt{\zeta^2-1}} - 1\right), \quad C_2 = -\frac{y_t}{2}\left(\frac{\zeta}{\sqrt{\zeta^2-1}} + 1\right) \tag{7.18}$$

(7.17)を見れば，λ_1, λ_2 はどちらも負の実数であるから，$y(t)$ は指数関数

的に y_t に近づいていく．ζ を大きくしていくと λ_1 がゼロに近づいていくため，解が y_t に近づく時間は長くなっていく．

臨界減衰（$\zeta = 1$）

特性方程式の根が重根になるため，一般解は以下の形をとる．
$$y(t) = (C_1 + C_2 t)e^{\lambda t} + y_t \quad (C_1, C_2 \text{は任意の定数}) \tag{7.19}$$
$$\lambda = -\omega_0 \tag{7.20}$$
時刻ゼロで $y = 0$，$\dot{y} = 0$ だから，C_1, C_2 を決定する連立方程式は
$$C_1 = -y_t \tag{7.21}$$
$$C_2 - \omega_0 C_1 = 0 \tag{7.22}$$
と書ける．解いて，代入すれば，$y(t)$ は
$$y(t) = y_t - y_t(1 + \omega_0 t)e^{-\omega_0 t} \tag{7.23}$$
となる．時間的変化は過減衰のときと似ているが，臨界減衰は，y が目標値を超えないという条件で，最も早く目標値に近づく．

不足減衰（$\zeta < 1$）

微分方程式の解は，$\zeta < 1$ に注意して，平方根のなかを正の実数とした形で表される．
$$y(t) = C_1 e^{\lambda_1 t} + C_2 e^{\lambda_2 t} + y_t \tag{7.24}$$
$$\lambda_1 = -\omega_0 \zeta + i\omega_0 \sqrt{1-\zeta^2}, \quad \lambda_2 = -\omega_0 \zeta - i\omega_0 \sqrt{1-\zeta^2} \tag{7.25}$$
$$C_1 = \frac{y_t}{2}\left(\frac{i\zeta}{\sqrt{1-\zeta^2}} - 1\right), \quad C_2 = -\frac{y_t}{2}\left(\frac{i\zeta}{\sqrt{1-\zeta^2}} + 1\right) \tag{7.26}$$
オイラーの公式を用いて整理しておく．
$$y(t) = y_t - y_t \frac{e^{-\omega_0 \zeta t}}{\sqrt{1-\zeta^2}} \sin\left\{(\omega_0 \sqrt{1-\zeta^2})t + \tan^{-1}\frac{\sqrt{1-\zeta^2}}{\zeta}\right\} \tag{7.27}$$

$y(t)$ は，y_t に向かって収束していく減衰振動である．制御工学においては，2次遅れ系のステップ応答が振動するとき，「制動が不足である」という．

図7.4に，過減衰，臨界減衰，不足減衰のステップ応答を時間の関数で表した．

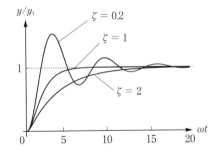

図7.4 過減衰，臨界減衰，不足減衰の条件における $y(t)$ を比較したもの

7.2.3 台はかりの設計指針

さてここで，台はかりを設計する際に，何を変えることが可能で，それをどう変えるとよい台はかりになるか，という問題について考えよう．初めに決めるのは，計測可能な最大質量(秤量) M である．続いて，よい台はかりの目標を「なるべく短い時間で指針が一定の値を指す」こととする．いいかえれば，t を含む項がなるべく早くゼロに漸近するのがよい台はかりである．

続いて考えるのは，目的を達成するために ω_0 と κ の値をどうとるかだが，これらには測定される質量 m が含まれる．したがって，台はかりは，測定される質量によって ω_0 と κ が値を変える制御系ということになる．

ζ を m, k, γ を使い表すと

$$\zeta = \frac{\gamma}{2\sqrt{mk}} \tag{7.28}$$

となる．(7.28)から，台はかりは載せる質量が重くなるほど減衰比が小さくなっていく．すなわち，台はかりに載せる質量を軽くしていくと，どこかで必ず過減衰の条件になる．

ところが，台はかりの機構には，わずかだが静止摩擦があり，過減衰の条件では皿が平衡の位置の手前で停まってしまう[†1]．台はかりにおいては，皿の位置は平衡の位置を中心に振動しつつ静定していくことが望ましい．

---

†1 静止摩擦を運動方程式に組み込むことは不可能ではないが，かなり厄介な非線形の問題となる．

系が過減衰になるのを防ぐには，測定可能な最小の質量，すなわち**最小計量値** $m_{\min}$ を決め，それ以下の質量では台はかりは正しく機能しないことを明示すればよい．

設計指針として，$m_{\min}$ を秤量の 1/100 と決めよう．そして，最小計量値において減衰比が 1 となるように γ および k を決めれば，台はかりは常に不足減衰の領域で動作する．このとき，次の関係が導かれる．

$$\frac{Mk}{25} = \gamma^2 \tag{7.29}$$

最後に，望ましい k, γ の組み合わせについて考えよう．設計方針から，$m_{\min}$ より重い質量が載ったときの $y(t)$ は (7.27) で与えられる．ここから，減衰振動の時定数 τ は

$$\tau = \frac{1}{\omega_0 \zeta} = \frac{1}{\kappa} = \frac{2m}{\gamma} \tag{7.30}$$

である．したがって以下のことがいえる．

1. 時定数は m に比例するから，秤量を載せたときが最も大きい．
2. 時定数は k によらない．
3. 時定数は γ に反比例するから，より短い時間で針の動きを止めるためには γ を大きくする．
4. 一方，(7.29) の条件があるから，γ を大きくするためには同時に k を大きくする必要がある．

γ と k を同時に大きくすれば，(7.29) を満たしたままいくらでも γ は大きくできる．しかし，そこには別の制限がある．秤量を載せたときの皿の沈み込み量 y_{tmax} は減衰定数によらず，以下のようにばね定数のみに反比例する．

$$y_{\text{tmax}} = \frac{Mg}{k} \tag{7.31}$$

ここで，y_{tmax} があまりに小さいと，わずかな皿の変位を大きく拡大して針を動かす必要があり，測定精度が下がってしまう．

それなら，充分な測定精度を得られる y_{tmax} を先に決めることにしよう．

すると，自動的に k が決まり，k が決まれば γ が決まる．(7.29) の条件を前提とした台はかりの各部品の仕様を y_{tmax} で表してみよう．

$$k = \frac{Mg}{y_{\text{tmax}}} \tag{7.32}$$

$$\gamma = \frac{M}{5}\sqrt{\frac{g}{y_{\text{tmax}}}} \tag{7.33}$$

このとき，秤量を載せたときの台はかりの振動は，以下の時定数をもつ減衰振動となる．

$$\tau_{\max} = 10\sqrt{\frac{y_{\text{tmax}}}{g}} \tag{7.34}$$

興味深いことに，$\tau_{\max}$ は秤量とは無関係で，秤量を載せたときの皿の沈み込み量のみで決まる．沈み込みを多くとれば精度が上がるが，読み取り可能となるまでの時間が長くなることから，ここは両者のバランスを睨みながら決定すべきところである．y_{tmax} が 5.0 cm の台はかりの時定数を具体的に計算すると約 0.7 秒となる．最近はばねを使った台はかりを見ることも少なくなったが，著者の経験からするとだいたいこの程度の値である．

最後に，皿に物体を載せたときの，過渡的な最大沈み込み量について考えよう．図 7.4 からわかるように，不足減衰の条件では皿は y_t を超えて沈み込む．最大沈み込み量 y_{peak} は，(7.24) を時間で 1 回微分，最初にゼロになる時刻 t_{peak} を求めて，(7.24) に代入すればよい．計算すると，

$$t_{\text{peak}} = \frac{\pi}{\omega_0\sqrt{1-\zeta^2}} \tag{7.35}$$

$$y_{\text{peak}} = y_t(1 + e^{-\pi\zeta/\sqrt{1-\zeta^2}}) \tag{7.36}$$

を得る．

(7.32), (7.33) を (7.28) に代入すれば

$$\zeta = \frac{\gamma}{2\sqrt{mk}} = \frac{1}{10}\sqrt{\frac{M}{m}} \tag{7.37}$$

を得る．計測する質量が秤量のとき ($m = M$)，減衰比は 1/10 だから，(7.36) に代入すると，最大沈み込み量は y_{tmax} の 1.73 倍である．したがって

台はかりの設計者は，うっかり者のユーザーがいきなり荷物を載せたときでもはかりが壊れないよう，設計上の配慮をする必要がある．

例として，質量 M，質量 $M/10$ の物体を載せたときの皿の動きを時間の関数で図 7.5 に示した．グラフから以下のことがわかる．

- 質量が大きいほど振動が収まるまでの時間も長い．
- 質量が大きいほど針の振動の振幅も大きい．振幅の絶対値は上のグラフが 10 倍であることに注意．
- 質量が大きいほど振動周期も長い．

実際の台はかりも確かにこのような応答を示す．実物に触れることができたら，是非じっくり観察してみよう．

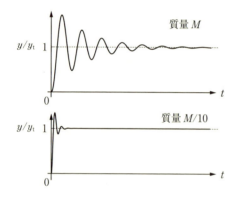

図 7.5 設計された台はかりに質量 M，質量 $M/10$ の物体を載せたときの台の動きを比較

ここで議論したのは「台はかり」という極めて単純な系における設計最適化だが，シャープペンシルからジェットエンジンまで，ありとあらゆる機構は目的を達成するために変更可能な定数を決める**最適化問題**から生み出されている．そして，最適解を得るためには，機構の要素を微分方程式で表し，要素を変えると応答がどう変わるかという，まさに今行ってきたような検討が最も効果的なのである．

7.3 強制振動

7.3.1 ばねとおもりの系

2階定数係数斉次線形微分方程式で表される系に，周期的な外力が加わったときの応答について考える．初めに，図7.6のようなばねとおもりの系を考えよう．ばね，おもり，ダンパーは第6章で取り扱ったものと同じだが，ここに周期的な外力 F_{ext} を加える．ばねの平衡の位置を原点に，$x(t)$ を従属変数として，運動方程式を立てる．

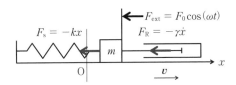

図7.6 第6章で考えたばね，おもり，ダンパーの系に周期的な外力を加える．

周期的な外力が加わるばね，おもり，ダンパーの運動方程式

$$m\ddot{x} + \gamma\dot{x} + kx = F_0\cos(\omega t) \tag{7.38}$$

m：おもりの質量 [kg]

x：おもりの位置 [m]

γ：速度に比例する抵抗 [kg/s]

k：ばね定数 [N/m]

F_0：外力の振幅 [N]

ω：外力の角振動数 [rad/s]

6.3.1項と同様に，$\gamma/m = 2\kappa$，$k/m = \omega_0{}^2$ のおきかえを行うと，斉次形の解は

$$x(t) = C_1 e^{\lambda_1 t} + C_2 e^{\lambda_2 t} \quad (C_1, C_2 \text{は任意の定数}) \tag{7.39}$$

$$\lambda_1 = -\kappa + \sqrt{\kappa^2 - \omega_0{}^2}, \quad \lambda_2 = -\kappa - \sqrt{\kappa^2 - \omega_0{}^2} \tag{7.40}$$

となる．ただし，(7.39)は特性方程式が重根の場合を除く．

ここに非斉次形の特殊解を加える．5.2.3項(→ p.77)と同様に，特殊解

を $A\cos(\omega t) + B\sin(\omega t)$ と仮定して(7.38)に代入, $\sin(\omega t)$ を係数にもつ項と $\cos(\omega t)$ を係数にもつ項に分離すると,

$$(\omega_0{}^2 - \omega^2)A + 2\kappa\omega B = \frac{F_0}{m} \tag{7.41}$$

$$(\omega_0{}^2 - \omega^2)B - 2\kappa\omega A = 0 \tag{7.42}$$

となる. これを解くことで A, B を

$$A = \frac{F_0}{m}\frac{\omega_0{}^2 - \omega^2}{4\kappa^2\omega^2 + (\omega_0{}^2 - \omega^2)^2} \tag{7.43}$$

$$B = \frac{F_0}{m}\frac{2\kappa\omega}{4\kappa^2\omega^2 + (\omega_0{}^2 - \omega^2)^2} \tag{7.44}$$

と決定できる. 結局, (7.38)の解は

$$x(t) = C_1 e^{\lambda_1 t} + C_2 e^{\lambda_2 t}$$
$$+ \frac{F_0/m}{4\kappa^2\omega^2 + (\omega_0{}^2 - \omega^2)^2}\{(\omega_0{}^2 - \omega^2)\cos(\omega t) + 2\kappa\omega\sin(\omega t)\}$$

(C_1, C_2 は任意の定数)

$$\tag{7.45}$$

である. この解は指数関数で表される過渡応答 (斉次形一般解) と, 角振動数 ω で振動する定常振動 (非斉次形特殊解) の和で表されている. このように, 周期的な外力によって駆動される系は**強制振動**とよばれるが, 過渡応答は $\kappa > 0$ のとき必ず消滅し, 後には初期条件に無関係で, 外力で決まる振動解のみが残る.

強制振動の, 定常振動解には以下の特徴がある.
1. 系の減衰比が過減衰の条件でも, 解は振動解である.
2. 角振動数は, 周期的な力の角振動数 ω に一致する.

初期条件を定め, $x(t)$ を決定することも可能だが, 強制振動の系において興味がもたれるのは定常状態に達した後の系の振る舞いであるから, 以降は(7.45)の過渡応答を捨て, 定常解について考えることとする. 以降は図7.6の系を**機械系**とよぼう.

7.3.2 機械系強制振動の共振曲線

過渡応答が消滅した後の機械系の強制振動は

$$x(t) = \frac{F_0/m}{4\kappa^2\omega^2 + (\omega_0^2 - \omega^2)^2}\{(\omega_0^2 - \omega^2)\cos(\omega t) + 2\kappa\omega\sin(\omega t)\} \tag{7.46}$$

と書ける．後の議論をやりやすくするために，(7.46)を単一の余弦関数で表そう．ここで，6.2.1項（→ p.111）で学んだ定理

$$A\cos(\omega t) + B\sin(\omega t) = R\cos(\omega t + \delta)$$

$$R = \sqrt{A^2 + B^2}, \quad \delta = -\tan^{-1}\frac{B}{A}$$

を使う．

機械系の強制振動の定常解

$$x(t) = \frac{F_0/m}{\sqrt{4\kappa^2\omega^2 + (\omega_0^2 - \omega^2)^2}}\cos\left(\omega t - \tan^{-1}\frac{2\kappa\omega}{\omega_0^2 - \omega^2}\right) \tag{7.47}$$

振幅 x_0 は

$$x_0 = \frac{F_0/m}{\sqrt{4\kappa^2\omega^2 + (\omega_0^2 - \omega^2)^2}} \tag{7.48}$$

で与えられるが，これは外力の角振動数 ω によって変わり，また $\zeta = \kappa/\omega_0$ の値によっても変わる．x_0 を F_0/k で規格化し，ω/ω_0 の関数で描いたものを図7.7に示す．図から，系の応答は ζ によって大きく様相が異なることがわかる．

図7.7の意味を吟味してみよう．すべてのグラフが $\omega \to 0$ で $x_0 \to F_0/k$ に漸近するが，これはばねに大きさ F_0 の一定の力がかかったときの変位量に一致し，直感的理解と合致する．また，すべての条件で，ω を大きくしていくと振幅はゼロに漸近する．これは，外力の振動が早すぎて，おもりの運動が追いつかない状態を表している．

$\zeta \ll 1$ のとき，強制振動の角振動数 ω が系の不減衰固有角振動数 ω_0 に近

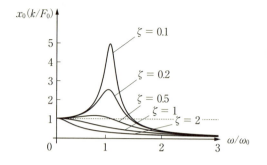

図 7.7 強制振動の振幅 x_0 を F_0/k で規格化し，ω/ω_0 の関数で表す．このようなグラフは「共振曲線」とよばれる．いくつかの ζ について計算した．

くなると振幅は急激に大きくなる．これを**共振**という．そして，図7.7のグラフは**共振曲線**とよばれる．

　ブランコに乗った人を押して，ゆすることを考えてみよう．大きくゆするためにはブランコの固有振動にタイミングを合わせて押せばよいことは，小学校からの経験で知っているはずだ．この原理を使えば，冷蔵庫や自動車など，かなりの重量物も一人の力でゆすることができる．

　ζ が1に近づくに従い共振現象は目立たなくなり，$\zeta = 1$ の条件では強制振動の振幅は $\omega = 0$ が最大となる．ζ を変えたときのステップ応答を思い出そう（→図7.4, p.135）．振動が起こる条件は $\zeta < 1$ であった．「共振」とは系の固有振動が外力から効率よくエネルギーを受け取った結果起こる現象だから，振動する性質をもたない系には共振は起こらない．ただし，詳しい計算によると，図7.7において振幅が単調減少する条件は $\zeta \geq 1/\sqrt{2}$ である．

　$\zeta > 1$ のとき系の振る舞いはどうなるかというと，外力の角振動数が大きくなるに従い振幅は単調に減少し，ζ が大きくなるほどその減少は早くなっていく．ζ が極端に大きいとき，振幅はほとんどの角振動数でゼロになってしまう．これが，第6章でサスペンションの設計を考えたときに，ダンパーが強すぎると乗り心地が悪くなる理由である[†2]．

[†2] ばねが動かないので地面の凹凸がそのまま車体に伝わることになる．より現実に近い問題は，ばねの一端に質量がつけられ，他端が周期的に変位する系で，これは章末問題で考える．

一方,外力 $F_0 \cos(\omega t)$ の位相を基準にした,$x(t)$ の位相遅れ

$$\delta = \tan^{-1} \frac{2\kappa\omega}{\omega_0^2 - \omega^2} \tag{7.49}$$

について考えよう.いくつかの ζ をとり,δ を ω の関数で示したものを図7.8に示す.(7.47)では δ に負号がついているので,振動の位相は外力の位相に対して常に遅れている.

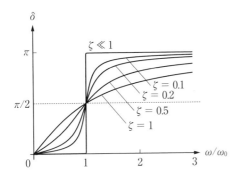

図7.8 強制振動の位相遅れを ω/ω_0 の関数で表す.いくつかの ζ について計算した.

一方,運動する物体に対して外力が行う仕事の定理 (→ 6.2.1項,p.113) から,今考えている問題で,$F(t)\dot{x}(t)$ を1周期積分して,周期で割れば外力がする平均の仕事率が得られる.

$$\begin{aligned}\bar{P} &= \frac{\omega}{2\pi} \int_0^{2\pi/\omega} Fx_0 \cos(\omega t)\{-\omega \sin(\omega t - \delta)\} dt \\ &= \frac{\omega F x_0}{2\pi} \sin \delta\end{aligned} \tag{7.50}$$

外力がする仕事は平均で正でなければならないから,$0 < \delta < \pi$ が要求されるが,図7.8の結果も確かにそうなっている.

$\omega \ll \omega_0$ のときは $\delta \sim 0$ である.これは,外力の振動が遅いときには,外力は常にばねの反力につり合う形で準静的にばねを変位させていることを表している.

共振周波数では,$x(t)$ の位相は外力に対して $\pi/2$ 遅れる.ちょうど,外

144   7 2階非斉次微分方程式

図 7.9 1995 年の阪神大震災で倒壊した高速道路．周囲のビルは倒壊には至らなかった． ⓒ 朝日新聞社／アマナイメージズ

力のコサインに対しておもりはサインで振動することになる．このとき，F と v は同位相となり，外力がする平均仕事率は最大となる．ここから，「共振条件」とは「外力からおもりへ最も効率よくエネルギーを供給できる条件」といいかえることができる．

　地震が起こったとき，ある特定の建物だけが周りに比べ激しく壊れるということがよくある．これは，建物の固有振動数が不幸にも地震動の振動数に近く，共振が起こったことが原因である（図 7.9）．

　一方，共振の考え方は，振動を防ぐためにも役立てられる．オートバイのハンドル先端におもりをつけると不快な振動が減る，というのはライダーの間でよく知られた事実であるが，これは質量を変えることでハンドルの共振周波数をエンジンの常用回転数からずらす工夫である．

　防振対策のもう 1 つの方法が，系の減衰比を大きくするというのは図 7.7 からも明らかである．振動する系に付加的な減衰項を加える**制振ダンパー**とよばれる部品があり，やはりさまざまな分野で使われている．

7.3.3 RLC 共振器

続いて，電気系の代表である RLC 直列回路を交流の電源で駆動したときに（図 7.10），回路に流れる電流について考える．電流 $I(t)$ を従属変数にして，キルヒホッフの法則を用いて微分方程式を立てる．

$$L\dot{I} + RI + \frac{1}{C}\int I\,dt = E_0\cos(\omega t) \tag{7.51}$$

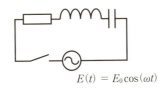

図 7.10 RLC 直列回路を交流電源で駆動する．

$E(t) = E_0\cos(\omega t)$

これを時間で 1 回微分，両辺を L で割ると以下の微分方程式を得る．

交流で駆動される RLC 直列回路の微分方程式

$$\ddot{I} + \frac{R}{L}\dot{I} + \frac{I}{LC} = -\frac{\omega E_0}{L}\sin(\omega t) \tag{7.52}$$

I ：電流 [A]

R ：抵抗 [Ω]

L ：インダクタンス [H]

C ：容量 [F]

E_0 ：電源の電圧 [V]

ω ：電源の角周波数 [rad/s]

$R/L = 2\kappa$，$1/LC = \omega_0^2$ のおきかえを行うと，微分方程式は非斉次項を除き機械系と同じとなる．したがって，斉次形の一般解は機械系と同じである．

$$I(t) = C_1 e^{\lambda_1 t} + C_2 e^{\lambda_2 t} \quad (C_1, C_2 \text{は任意の定数}) \tag{7.53}$$

$$\lambda_1 = -\kappa + \sqrt{\kappa^2 - \omega_0^2}, \quad \lambda_2 = -\kappa - \sqrt{\kappa^2 - \omega_0^2} \tag{7.54}$$

ただし，(7.53) は特性方程式が重根の場合を除く．

ここに非斉次形の特殊解を加える．考え方は機械系と同じだが，1 回微分

して非斉次項が $-\sin$ になっていることに注意する．特殊解を $A\cos(\omega t) + B\sin(\omega t)$ と仮定し，(7.52) に代入すれば，A, B を決定するための連立方程式を得る．

$$(\omega_0^2 - \omega^2)A + 2\kappa\omega B = 0 \tag{7.55}$$

$$(\omega_0^2 - \omega^2)B - 2\kappa\omega A = -\frac{\omega E_0}{L} \tag{7.56}$$

これから

$$A = \frac{E_0}{L}\frac{2\kappa\omega^2}{4\kappa^2\omega^2 + (\omega_0^2 - \omega^2)^2} \tag{7.57}$$

$$B = -\frac{E_0}{L}\frac{\omega(\omega_0^2 - \omega^2)}{4\kappa^2\omega^2 + (\omega_0^2 - \omega^2)^2} \tag{7.58}$$

を得る．よって，(7.52) の解は

$$I(t) = C_1 e^{\lambda_1 t} + C_2 e^{\lambda_2 t}$$
$$+ \frac{\omega E_0/L}{4\kappa^2\omega^2 + (\omega_0^2 - \omega^2)^2}\{2\kappa\omega\cos(\omega t) - (\omega_0^2 - \omega^2)\sin(\omega t)\}$$

$$(C_1, C_2 \text{ は任意の定数})$$
$$\tag{7.59}$$

となる．機械系の解とよく似ているが，サインとコサインに掛かる係数が逆になっている点，A, B どちらにも ω が掛かるので，$\omega \to 0$ で振幅がゼロになる点が異なる．

7.3.4 RLC 共振器の共振曲線

RLC 直列回路の定常解は

$$I(t) = \frac{\omega E_0/L}{4\kappa^2\omega^2 + (\omega_0^2 - \omega^2)^2}\{2\kappa\omega\cos(\omega t) - (\omega_0^2 - \omega^2)\sin(\omega t)\} \tag{7.60}$$

となる．変形して単一の余弦関数で表そう．

交流で駆動されるRLC直列回路の定常解

$$I(t) = \frac{\omega E_0/L}{\sqrt{4\kappa^2\omega^2 + (\omega_0{}^2 - \omega^2)^2}} \cos\left(\omega t + \tan^{-1}\frac{\omega_0{}^2 - \omega^2}{2\kappa\omega}\right)$$
(7.61)

電流の振幅 I_0 は

$$I_0 = \frac{\omega E_0/L}{\sqrt{4\kappa^2\omega^2 + (\omega_0{}^2 - \omega^2)^2}}$$
(7.62)

で与えられる.

機械的振動を考えるとき,多くの問題で共振は避けるべき現象と捉えるが,電気回路の場合はむしろ共振状態を利用することが多い.そこで,議論を $\zeta \ll 1$ の場合に絞って進めよう.代表的な共振曲線を図7.11に示す.グラフは $\zeta = 0.001$ で描いた.図からわかるように,極めて狭い範囲の周波数でのみ大きな電流が流れ,それ以外の周波数では回路にはほとんど電流が流れない.

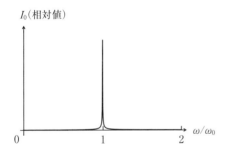

図7.11 $\zeta = 0.001$ の RLC 共振器に流れる電流の振幅を ω/ω_0 の関数で表す.

このような回路は**共振器**とよばれ,共振状態で利用される.共振器の代表的な用途が,周波数の精密な計測あるいは決定の手段である.共振器の共振角周波数は ω_0 で,これは L と C で決まる. ζ が極めて小さい RLC 共振器は,共振状態をわずかでも外れると回路の共振状態(流れる電流)が大きく変化するから,駆動する電源の角周波数 ω と ω_0 の比較が容易で, ω_0 を角周波数の基準として利用できる.

共振状態からのずれを検知するためには，電流の振幅を利用するより電流と電圧の位相を比較するほうが都合がよい．図 7.12 は，共振点の近くで，電流 $I(t)$ の駆動電圧 $E(t)$ に対する相対的な位相角を示したものである．

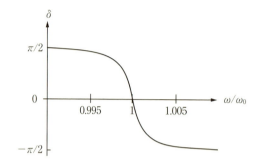

図 7.12 $\zeta = 0.001$ の RLC 共振器に流れる電流の，駆動電圧に対する電流の相対位相を ω/ω_0 の関数で表す．

共振状態では電流と電圧の位相差はゼロになる．7.3.2 項（→ p.141）では，共振状態とは外力のする平均仕事率が最大になる条件であることを明らかにしたが，交流回路の消費電力は E と I が同位相で振動するとき最大になるので，これは納得が行く結果である．E と I の位相差は共振状態の近くで $+\pi/2$ から $-\pi/2$ に大きく変化し，しかも単調に減少するから，ω と ω_0 の比較には使いやすい．

図 7.13 は，図 7.11 を図 7.12 と同じ範囲で描いたものである．一般に，共振器に蓄えられるエネルギーがちょうどピークの 1/2 になる 2 点の角周波数の間隔 $\Delta\omega$ を，共振の**半値全幅**（Full Width at Half Maximum = FWHM）

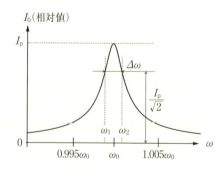

図 7.13 RLC 共振器の共振半値全幅，$\Delta\omega$ の定義

とよぶ[†3].

---**半値全幅**---

共振器の共振半値全幅（FWHM）は，共振器に蓄えられるエネルギーがピークの 1/2 になる 2 つの周波数の差で定義される．

電流対角周波数のグラフにおいては，FWHM は電流の振幅がピークの $1/\sqrt{2}$ になる 2 点をとる．なぜ 1/2 でなく $1/\sqrt{2}$ をとるかというと，RLC 共振器に蓄えられるエネルギーは電流振幅の 2 乗で与えられるためである．

RLC 共振器に流れる電流は，電圧との位相差を δ として
$$I(t) = I_0 \cos(\omega t + \delta) \tag{7.63}$$
と書ける．RLC 共振器にエネルギーを蓄える機構は，コイルとコンデンサーの 2 つである．ある瞬間に，コイルに蓄えられているエネルギーは $LI^2/2$，コンデンサーに蓄えられているエネルギーは $CV_C^2/2$ で与えられる．一方，V_C は I を使い
$$V_C = \frac{1}{C} \int I(t) \, dt = \frac{I_0}{\omega C} \sin(\omega t + \delta) \tag{7.64}$$
と書きかえられる．電流がピークの瞬間には $\omega t + \delta = 2n\pi$ だから，この瞬間には $V_C = 0$ で，共振器に蓄積されている全エネルギーは $LI^2/2$ で与えられる．ゆえに，電流振幅がピークの $1/\sqrt{2}$ になったとき，蓄積されるエネルギーはピークの 1/2 になる．

機械系では，ばねの変位が最大のとき，おもりは一瞬静止するという関係がこれに対応する．おもりの振幅を x_0 とすれば，最大変位の瞬間の運動エネルギーはゼロだから，共振器が蓄えるエネルギーは $kx_0^2/2$ と書ける．したがって，x_0 を ω の関数でグラフに描けば，RLC 回路と同様の議論が成立する．

(7.62)を使い，$\Delta\omega$ を ζ で表そう．電流がピークの $1/\sqrt{2}$ になるとき
$$\omega_0^2 - \omega_1^2 = 2\kappa\omega_1 \longrightarrow \omega_1 = -\kappa \pm \sqrt{\kappa^2 + \omega_0^2}$$

[†3] 周波数を ν [Hz] で測る場合の FWHM の定義は $\Delta\nu$ となる．

$\omega_1 > 0$ から $\omega_1 = -\kappa + \sqrt{\kappa^2 + \omega_0^2}$, 同様に $\omega_2 = \kappa + \sqrt{\kappa^2 + \omega_0^2}$

$$\therefore \Delta\omega = \omega_2 - \omega_1 = 2\kappa \tag{7.65}$$

が成立する．ここから，共振器の半値全幅に関する以下の関係が導かれる．

共振器の ζ, ω_0 と共振の半値全幅（$\Delta\omega$）の関係

$$\Delta\omega = 2\zeta\omega_0 \tag{7.66}$$

共振器の「よさ」を評価する指標で，FWHM と同様によく使われるのが **Q 値**（**Quality factor**）という指標である．Q 値は以下のように定義される無次元量である．

共振器の Q 値

$$Q \equiv \frac{\omega_0 [\text{共振器に蓄えられているエネルギー}]}{[\text{共振器から毎秒逃げ出すエネルギー}]} \tag{7.67}$$

ω_0：共振角周波数 [rad/s]

RLC 共振器の Q 値を回路素子の定数で表し，さらにそれを ζ で表す．共振器が共振状態にあるとき，蓄えられているエネルギーは $LI_0^2/2$ と書ける．一方，電力は抵抗で消費されるから，平均の消費電力は

$$\bar{P} = \frac{\omega}{2\pi}\int_0^{2\pi/\omega} RI_0^2 \cos^2(\omega_0 t)\, dt = \frac{RI_0^2}{2} \tag{7.68}$$

である．したがって Q 値は L, R を使い

$$Q = \frac{\omega_0 L I_0^2/2}{RI_0^2/2} = \frac{\omega_0 L}{R} \tag{7.69}$$

と表され，さらにこれを ω_0, κ を使い書き直すと

$$\frac{\omega_0 L}{R} = \frac{\omega_0}{2\kappa} = \frac{1}{2\zeta} \tag{7.70}$$

となる．ここから，共振器の Q 値，半値全幅 $\Delta\omega$，ζ が関連づけられる．

共振器の Q 値，半値全幅 $\Delta\omega$ と ζ の関係

$$Q = \frac{1}{2\zeta} = \frac{\omega_0}{\Delta\omega} \tag{7.71}$$

$$\Delta\omega = 2\zeta\omega_0 = \frac{\omega_0}{Q} \qquad (7.72)$$

電気回路の共振を利用した応用製品の代表が**水晶振動子**である（図 7.14）．一般には**クォーツ**とよばれていて，現代ではほとんどの時計が水晶振動子の振動を基準として正確な時を刻んでいる．

図 7.14　市販品の水晶振動子

水晶の結晶には**圧電効果**という現象があり，電気的振動を与えると機械的振動が生じるという性質がある．一方で，水晶の結晶は電気的には L と C を組み合わせた共振器と等価で，それは 10^6 ほどの大きな Q 値をもつ．水晶のチップを薄板や音叉状にカットして，それを電気回路で駆動すれば極めて正確な周波数で交流信号を発生する．これが水晶振動子の原理である．

水晶振動子を数 mm ほどの大きさの金属缶に封入したパッケージが市販されており，現代では水晶振動子は時計のみでなく家電製品やパソコン，携帯電話や自動車に至るありとあらゆる工業製品で使われている．なぜなら，これらの製品は**ディジタル回路**によって制御されており，ディジタル回路は動作のために極めて正確なクロック信号を必要とするためである．

7.4　カテナリー曲線

本章の最後は，第 1 章で登場した**カテナリー曲線**（懸垂線）で締めくくる．カテナリー曲線とは，均一な密度をもつ，しなやかなひもの両端を支持して，重力の下で安定したときにひもが描く曲線である．一例として，日常生活で見かけるカテナリーを図 7.15 に示す．カテナリー曲線は一見すると 2 次関数に見えるが，これが 2 次関数とは異なる曲線であることは，17 世紀オラ

ンダの物理学者クリスティアーン・ホイヘンスによって初めて指摘された[†4]．

ひもは自由に動くから，カテナリー曲線を描くひもの各部分には横方向にずれるような力ははたらいていない（はたらいていればひもは横にずれるだろう）．したがって，ブロック状の建材をカテナリーの逆にな

図 7.15　日常生活で見かけるカテナリー曲線

るように積み上げれば，ブロックには横方向にずれるような正味の力ははたらかない．このような形状は力学的に安定で，石材など「圧縮には強いが横方向にずれやすい」材料で強固なアーチ構造を生むことができる．このことは古くから経験的に知られていて，アーチ構造は世の東西を問わずさまざまな建築様式で取り入れられた（図 7.16）．

では，カテナリー曲線はどのような微分方程式で表されるか，そしてそれをどう解くかを考えよう．

図 7.16　アーチ構造の例．ポン・デュ・ガール（フランス）．BC 19 世紀，古代ローマ帝国により建設された水道橋．画像提供：ピクスタ

[†4] **カテナリー**の命名もホイヘンスによる．もちろん，適当な条件の下ではカテナリーは放物線に近似される．

例題 7.1

図 7.17 のように座標系をとる．一様な線密度 τ をもつ長さ L のひも ($L > d$) が，原点と座標 $(d, 0)$ で固定されている．このとき，ひもが描く曲線を $y(x)$ で表しなさい．重力加速度の大きさを g とする．

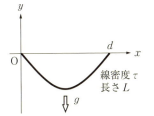

図 7.17 カテナリー曲線の問題の定義

【解】 図 7.18 のように，ひもの短い一区間に注目する．x 座標が x_1 と x_2 の区間のひもの質量 Δm は，両端の x 座標，y 座標の差 Δx と Δy を使って以下のように書ける．

$$\Delta m = \tau \sqrt{\Delta x^2 + \Delta y^2} \tag{7.73}$$

一方，この区間にかかる力は，両端の張力 T_1, T_2 と重力 $\Delta m g$ である．

T_1, T_2 が水平線となす角をそれぞれ θ_1, θ_2 として，この区間における力のつり合いを水平方向，鉛直方向それぞれに書くと以下のようになる．

$$\text{水平方向：} T_1 \cos \theta_1 = T_2 \cos \theta_2 \tag{7.74}$$

$$\text{鉛直方向：} T_2 \sin \theta_2 = T_1 \sin \theta_1 + \Delta m g \tag{7.75}$$

水平方向のつり合いには Δm が含まれない．これは，張力の水平成分はどこでも同じ大きさであることを示す．これを k として，(7.74) を変形しよう．

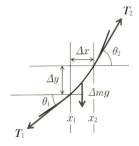

図 7.18 ひものある微小区間にかかる力のつり合い

$$k = T_1 \cos\theta_1 = T_2 \cos\theta_2$$

$$T_1 = \frac{k}{\cos\theta_1}, \quad T_2 = \frac{k}{\cos\theta_2} \tag{7.76}$$

(7.75), (7.76) を (7.73) に代入すると

$$\tau g \sqrt{\Delta x^2 + \Delta y^2} = k(\tan\theta_2 - \tan\theta_1)$$

を得る．最後に，両辺を Δx で割り，整理する．

$$\tau g \sqrt{1 + \left(\frac{\Delta y}{\Delta x}\right)^2} = k \frac{\tan\theta_2 - \tan\theta_1}{\Delta x}$$

Δx をゼロに近づけると，左辺の $\Delta y/\Delta x$ は y' に，右辺の $(\tan\theta_2 - \tan\theta_1)/\Delta x$ は y'' になる．右辺が y'' になる理由は，わずかに x が異なる 2 点の $\tan\theta$ の差をとり Δx で割るのは「$\tan\theta$ の x による微分」で，$\tan\theta$ は $\frac{dy}{dx} = y'$ と書けるからである．

カテナリー曲線の微分方程式

$$\tau g \sqrt{1 + y'^2} = k y'' \tag{7.77}$$

τ：ひもの線密度 [kg/m]

g：重力加速度 [m/s^2]

y：ひもの基準点からの高さ [m]

k：張力の水平成分 [N]

微分方程式は **2 階定数係数非斉次非線形**である．困難な問題だが，これを解くことを試みる．まず，微分方程式は y を含まないので，階数の引き下げが使える．y' を V として (7.77) を書き直すと

$$\tau g \sqrt{1 + V^2} = kV'$$

を得る．微分方程式は非斉次だが，非斉次項が定数だから変数分離が使える．V' を $\frac{dV}{dx}$ と書きかえ，変数分離する．ここで，$\tau g/k = a$ を定義した．

$$\frac{dV}{\sqrt{1 + V^2}} = a\,dx$$

一見，解析的には積分不可能に見えるが，この形は以下のように積分できる[5]．

$$\ln|V + \sqrt{1+V^2}| = ax + C' \quad (C' \text{は任意の定数})$$

両辺の指数をとり，V について解くと以下のようになる．

$$V = \frac{e^{ax+C_1}}{2} - \frac{e^{-(ax+C_1)}}{2} \quad (C_1 \text{は任意の定数})$$

さらに x で1回積分すれば $y(x)$ を得る．

$$y(x) = \frac{e^{ax+C_1}}{2a} + \frac{e^{-(ax+C_1)}}{2a} + C_2 \quad (C_1, C_2 \text{は任意の定数}) \quad (7.78)$$

(7.78)は，双曲線関数を使い書きかえられる．

$$y(x) = \frac{1}{a}\cosh(ax+C_1) + C_2 \quad (C_1, C_2 \text{は任意の定数}) \quad (7.79)$$

すなわち，カテナリー曲線とは，双曲線関数（cosh）に他ならないことがわかる．

境界条件を与え，任意定数 C_1, C_2 を決定しよう．図 7.17 から $x = 0$, $x = d$ で $y = 0$ だから，以下の関係が成立する．

$$0 = \frac{1}{a}\cosh(C_1) + C_2 \quad (7.80)$$

$$0 = \frac{1}{a}\cosh(ad+C_1) + C_2 \quad (7.81)$$

(7.81)から(7.80)を引くと

$$\cosh(C_1) = \cosh(ad+C_1)$$

を得る．cosh は y 軸に対称な偶関数だから，この関係を満たすのは $C_1 = -ad/2$ のみである．これで C_1 が決定できた．C_1 を (7.80) に代入し，C_2 は $-(1/a)\cosh(ad/2)$ と決定できる[†6]．

最後に，a をひもの長さ L を用いて表せば，ひもの形状が決定できる．ここは力学の法則を上手く使おう．図 7.19 は，カテナリー曲線の左半分の力のつり合いである．T_1 の方向は $x = 0$ におけるひもの向き，$y'(0)$ に一致し，T_2 の向きは水平である．T_2 に鉛直成分は存在しないから，ひもの左半分にかかる重力は T_1 の

[†5] このように積分できることは簡単には説明できないが，「数学公式集」[5] を参照するか，数式処理ソフトウェアを使えば答えは知ることができる．一方，$\frac{d}{dV}(\ln|V + \sqrt{1+V^2}|) = \frac{1}{\sqrt{1+V^2}}$ は比較的容易に確認できる．

[†6] cosh は偶関数なので負号を消した．

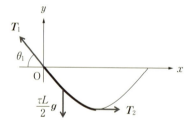

図7.19 カテナリー曲線の左半分の力のつり合い

鉛直成分のみによって支えられていることになる．

したがって T_1 の鉛直成分は $\tau Lg/2$ で，水平成分はもちろん k である．これらの関係を整理すると，a を $y'(0)$ で表せる．

$$\tan\theta_1 = -y'(0) = \frac{\tau Lg}{2k} \longrightarrow \frac{aL}{2} = -y'(0) \tag{7.82}$$

$y'(0)$ を得るため，(7.79)に $C_1 = -ad/2$ を代入，x で1回微分する．

$$y'(x) = \sinh\left(ax - \frac{ad}{2}\right)$$

sinh は奇関数だから，$y'(0) = -\sinh(ad/2)$ と書ける．(7.82)に代入すると a に関する以下の式を得る．

$$\frac{aL}{2} = \sinh\left(\frac{ad}{2}\right) \tag{7.83}$$

残念ながら，この関係を満たす a を解析的に表すことはできない．したがって a を「(7.83)を満たす定数」として，カテナリー曲線を決定する．

長さ L のひもを $(0,0)$ と $(d,0)$ で支えたときのカテナリー曲線

$$y(x) = \frac{1}{a}\left\{\cosh\left(ax - \frac{ad}{2}\right) - \cosh\left(\frac{ad}{2}\right)\right\} \tag{7.84}$$

a：長さの逆数の次元をもち，$\dfrac{aL}{2} = \sinh\left(\dfrac{ad}{2}\right)$ を満たす定数．

図7.20に，$d < L < 10d$ の範囲における a を計算した結果を示す．

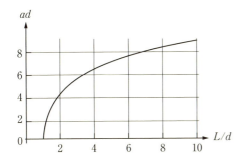

図 7.20 カテナリー曲線の定数 a を $d < L < 10d$ の範囲で計算した結果

◆

章 末 問 題

7.1 一般解を求めなさい．

(a) $y'' - 3y' - y = 2x$

(b) $3y'' + 2y' - y = \sin x$

(c) $\dfrac{1}{2}y'' + 3y' - y = x^2$

(d) $y'' - 6y' = -9y + 1$

(e) $y'' - 2e^{i\pi}y' + y = e^{i\pi}x$

(f) $y'' - 2y'\cos \pi + y = \cos \pi \cdot e^x$

7.2 図 7.21 のような，自動車のサスペンションを模した系を考える．おもりには周期的な外力が加わるのではなく，ばねの他端が角振動数 ω，振幅 X_0 で振動する．ダンパーはばねと並列に設置されている．重力の影響を排除するため，おもりは摩擦のない床の上で水平に動くこととする．ばねの自然長を l として，おもりの運動を表す微分方程式を立て，おもりの振幅を ω の関数で表しなさい．また，おもりの振幅を減らすための設計最適化について論じなさい．

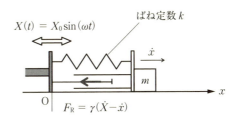

図 7.21

7.3 ばねとおもりとダンパーからなる系のステップ応答を見たところ，振動数 2.00 Hz，減衰時定数 3.00 秒の減衰振動を行った．この系を共振器と見たときの Q 値を求めなさい．

7.4 Q 値が 1.0×10^6 の水晶振動子を使った時計の精度はどれほどと想定されるか．また，この時計の1ヶ月当りの誤差は何秒程度と期待されるか．

【注】 多くの普及品のクォーツ時計の精度は「月差 ±15 秒」程度である．

7.5 (7.35) を導出しなさい．

【ヒント】 複素関数形式から出発すると意外にも簡単．(7.24) を1回微分すると，

$$\frac{AA^*}{AA^*} = e^{-2i\omega_0 \sqrt{1-\zeta^2} t}$$

の形になる．左辺は1だから，右辺が1になる条件を考えよ．

7.6 図 7.7 のグラフで，振幅が単調減少する条件が $\zeta \geq 1/\sqrt{2}$ であることを示しなさい．

7.7 (a) 図 7.6 の系に，任意の関数 $F(t)$ で表される外力がはたらく場合のおもりの運動方程式を立て，一般解を求めなさい．

(b) 前問で，ダンパーを取り去った場合の運動を，運動方程式を立てて解き，解を三角関数を用いて表しなさい．

8

連立微分方程式

共通の x を独立変数とする 2 つ以上の関数 $y_1(x), y_2(x)\cdots$ があり，y_p を決定する微分方程式が他の従属変数 y_q を含むとき，これらは**連立微分方程式**を構成する．一例を挙げると，互いにばねで結ばれた 2 個のおもりの運動は，ばねの弾性力が 2 個のおもりの相対距離で決まるので，これは連立微分方程式の系である．

連立微分方程式の解き方は，基本的には従属変数，およびその微分を「連立方程式」の変数と見て，その「解」，つまり単一の従属変数のみからなる複数の微分方程式を得てから，それぞれの微分方程式を解くというものである．これを効率よく行うために，「線形代数」の手法を活用する．

この手法を使えば，結果として得られる「固有行列」と「固有値」が，多自由度系の振動における「固有振動」（振動モード）とその角振動数そのものを表すことがわかる．多自由度の系の「振動モード」は多くの分野で登場する重要な概念であるので，本章の内容とともにぜひそのアイデアを理解してもらいたい．

8.1　連立微分方程式を 1 元微分方程式に変形

例題 8.1

次の連立微分方程式を解きなさい．

$$y_1' - y_1 - 3y_2 = -2 \tag{8.1a}$$

$$y_2' + 2y_1 + 4y_2 = 1 \tag{8.1b}$$

【解】　(8.1a) を y_2 について解き，(8.1b) に代入する．このとき，y_2' には (8.1a) を x で微分して代入する．すると以下の形を得る．

$$y_1'' + 3y_1' + 2y_1 = -5$$

得られた微分方程式は y_1 についての **2 階定数係数非斉次線形微分方程式**だから，

これは今までに学んだ範疇で解ける．特性方程式を使い解こう．特性方程式は
$$\lambda^2 + 3\lambda + 2 = 0$$
で，根は $\lambda = -1$, $\lambda = -2$ だから，斉次形の一般解は以下のようになる．
$$y_1(x) = C_1 e^{-x} + C_2 e^{-2x} \quad (C_1, C_2 \text{ は任意の定数})$$

続いて非斉次形の特殊解を求める．非斉次項が定数だから，$y = A$（A は定数）とおき，
$$2A = -5 \longrightarrow A = -\frac{5}{2}$$
を得る．したがって，y_1 は
$$y_1(x) = C_1 e^{-x} + C_2 e^{-2x} - \frac{5}{2} \quad (C_1, C_2\text{は任意の定数}) \qquad (8.2)$$
となる．

同様の変形を行い y_2 のみの微分方程式を作ってもよいが，多くの場合はすでに得られている y_1，そしてその微分を使った方が楽である．(8.1a)に(8.2)を代入，変形すれば y_2 を得る．

$$-C_1 e^{-x} - 2C_2 e^{-2x} - \left(C_1 e^{-x} + C_2 e^{-2x} - \frac{5}{2}\right) - 3y_2 = -2$$

$$y_2 = -\frac{2}{3} C_1 e^{-x} - C_2 e^{-2x} + \frac{3}{2} \quad (C_1, C_2 \text{ は任意の定数}) \qquad ◆$$

ここで注意すべきは，y_2 に出てくる任意定数 C_1, C_2 は，y_1 に出てくる任意定数 C_1, C_2 と「同一のもの」だということだ．例えば，形式的に，(8.1b)を(8.1a)に代入，y_2 のみの微分方程式を作って解けば，新たな任意定数 C_3, C_4 を用いて以下の解を得る（各自やってみること）．

$$y_2 = C_3 e^{-x} + C_4 e^{-2x} + \frac{3}{2} \quad (C_3, C_4 \text{ は任意の定数}) \qquad (8.3)$$

しかし，ここで出てくる C_3, C_4 は，C_1, C_2 とは独立ではない．なぜなら y_1 と y_2 は(8.1a)，(8.1b)の関係に拘束されており，4つの任意定数は実質2個の任意定数に書きかえられるからである．

一般に，連立微分方程式の任意定数の個数について以下の定理が成立する．

> **連立微分方程式の任意定数**
>
> 連立微分方程式の任意定数の個数は，各従属変数 y_p の微分の階数の和に一致する．例えば，(y_1, y_2, y_3) からなる連立微分方程式において y_1 が 2 階，y_2 が 1 階，y_3 が 1 階なら独立な任意定数の数は 4 である．

8.2 線形代数による解法

前節で示した連立微分方程式の解法は最も素朴なもので，どんな形式にも適用可能だが，一貫した方針はなく，解法を定式化することはできない．ところが，連立微分方程式が線形のときは，**線形代数**（ベクトルと行列の数学）の手法を応用して，定型的な手続きで連立微分方程式を解くことができる．線形代数を利用することのメリットはこれだけにとどまらず，問題の本質に対する洞察を得ることも可能である．本節では，2 つの異なる解法を，必要となる予備知識から解説する．

8.2.1 微分演算子 D

具体的な解法に入る前に，微分作用演算子 D を定義する．

> **微分演算子 D**
>
> ある変数 y を独立変数（例えば x）で微分することを
> $$y' = Dy \tag{8.4}$$
> と書く．n 階の微分は D を n 乗し，
> $$y^{(n)} = D^n y \tag{8.5}$$
> である．演算子 D に対しては，通常の文字定数と同様な加減乗除が可能と考える．

> **例題 8.2**
>
> 次の微分方程式を，演算子 D を使い解きなさい．

$$y_1' - y_1 - 3y_2 = -2 \qquad (8.6a)$$
$$y_2' + 2y_1 + 4y_2 = 1 \qquad (8.6b)$$

【解】 問題を演算子 D で書きかえる．

$$Dy_1 - y_1 - 3y_2 = -2 \qquad (8.7a)$$
$$Dy_2 + 2y_1 + 4y_2 = 1 \qquad (8.7b)$$

D を定数と見て，(8.7a)，(8.7b) からなる連立方程式を解く．この際，2つのポイントに注意する．

1. 「$y_p = \cdots$」の形を得るのではなく，「$(D^2 \cdots + \cdots)y_p = \cdots$」の形に変形する．
2. 式変形の結果，D のマイナスのべきが残らないよう変形する．

得られた結果は以下の通り．

$$(D^2 + 3D + 2)y_1 = -2D - 5 \qquad (8.8a)$$
$$(D^2 + 3D + 2)y_2 = D + 3 \qquad (8.8b)$$

次に，これを微分方程式に逆変換する．右辺の D は，「1 を x で微分する」操作を表しているから消滅する．

$$y_1'' + 3y_1' + 2y_1 = -5$$
$$y_2'' + 3y_2' + 2y_2 = 3$$

このようにして，連立微分方程式を y_1 と y_2 の1元微分方程式に分離できた．

さらに解いてみよう．結果のみを示す．

$$y_1 = C_1 e^{-x} + C_2 e^{-2x} - \frac{5}{2} \quad (C_1, C_2 \text{ は任意の定数}) \qquad (8.9a)$$
$$y_2 = C_3 e^{-x} + C_4 e^{-2x} + \frac{3}{2} \quad (C_3, C_4 \text{ は任意の定数}) \qquad (8.9b)$$

前節で述べたように，(C_1, C_2) と (C_3, C_4) は互いに独立ではない．これらの関係を知るため，(8.9a)，(8.9b) を，(8.6a) に代入する．

$$(2C_1 + 3C_3)e^{-x} + 3(C_2 + C_4)e^{-2x} = 0$$

この関係が任意の x で成立するためには，$C_3 = -(2/3)C_1$，$C_4 = -C_2$ が要求される．したがって，最終的に 8.1 節と同じ解を得る．

$$y_1 = C_1 e^{-x} + C_2 e^{-2x} - \frac{5}{2}$$

$$y_2 = -\frac{2}{3}C_1 e^{-x} - C_2 e^{-2x} + \frac{3}{2} \quad (C_1, C_2 \text{は任意の定数})$$ ◆

8.2.2 クラメルの公式

クラメルの公式とは，多元連立方程式を行列で表し，機械的な手続きを繰り返すだけで解を得る公式である．

クラメルの公式

$y_1, y_2, \cdots, y_n$ についての連立方程式

$$a_{11}y_1 + a_{12}y_2 + \cdots + a_{1n}y_n = b_1$$
$$a_{21}y_1 + a_{22}y_2 + \cdots + a_{2n}y_n = b_2$$
$$\vdots$$
$$a_{n1}y_1 + a_{n2}y_2 + \cdots + a_{nn}y_n = b_n$$

があるとき，y_p は以下の式を解くことで得られる．

$$\begin{vmatrix} a_{11} & a_{12} & \cdots & a_{1n} \\ a_{21} & a_{22} & \cdots & a_{2n} \\ \vdots & \vdots & \ddots & \vdots \\ a_{n1} & a_{n2} & \cdots & a_{nn} \end{vmatrix} y_p = \begin{vmatrix} a_{11} & a_{12} & \cdots & b_1 & \cdots & a_{1n} \\ a_{21} & a_{22} & \cdots & b_2 & \cdots & a_{2n} \\ \vdots & \vdots & & \vdots & \ddots & \vdots \\ a_{n1} & a_{n2} & \cdots & b_n & \cdots & a_{nn} \end{vmatrix}$$
(8.10)

ただし，ここで $|\cdots|$ は行列式を表す．右辺の行列式は，左辺の行列式の p 列め $(a_{1p}, a_{2p}, \cdots, a_{np})$ を $b_1, b_2, \cdots, b_n$ におきかえたものである．

n 本の式が独立でないとき，原理的にすべての y_p は決定できないが，このときは左辺の行列式がゼロとなりこの方法は破綻する．

クラメルの公式は，**線形代数**で登場する大変興味深く重要な公式だが，詳しい解説は線形代数の専門書に譲り，本書ではその結果のみを利用する．

まずは練習として，クラメルの公式を使って3元連立方程式を解いてみよう．

例題 8.3

次の連立方程式を，クラメルの公式を使い解きなさい．

$$2x - z = 1$$
$$3y + z = 1$$
$$x - 2y + z = 0$$

【解】

$$\begin{vmatrix} 2 & 0 & -1 \\ 0 & 3 & 1 \\ 1 & -2 & 1 \end{vmatrix} x = \begin{vmatrix} 1 & 0 & -1 \\ 1 & 3 & 1 \\ 0 & -2 & 1 \end{vmatrix}, \quad \begin{vmatrix} 2 & 0 & -1 \\ 0 & 3 & 1 \\ 1 & -2 & 1 \end{vmatrix} y = \begin{vmatrix} 2 & 1 & -1 \\ 0 & 1 & 1 \\ 1 & 0 & 1 \end{vmatrix}$$

$$\begin{vmatrix} 2 & 0 & -1 \\ 0 & 3 & 1 \\ 1 & -2 & 1 \end{vmatrix} z = \begin{vmatrix} 2 & 0 & 1 \\ 0 & 3 & 1 \\ 1 & -2 & 0 \end{vmatrix}$$

よって解は以下の通り．

$$x = \frac{7}{13}, \quad y = \frac{4}{13}, \quad z = \frac{1}{13}$$

◆

8.2.3 クラメルの公式による解法

線形連立微分方程式の線形代数による解法の1つは，前述のクラメルの公式をそのまま適用し，自動的に $y_1, y_2, \cdots$ の1元微分方程式群を得るものである．例題を使い考えよう．

例題 8.4

次の連立微分方程式を，クラメルの公式を使い解きなさい．

$$y_1' - y_1 - 3y_2 = -2$$
$$y_2' + 2y_1 + 4y_2 = 1$$

【解】 まずは演算子 D を使い，問題を連立方程式に変形する．

$$Dy_1 - y_1 - 3y_2 = -2$$
$$Dy_2 + 2y_1 + 4y_2 = 1$$

クラメルの公式より

$$\begin{vmatrix} D-1 & -3 \\ 2 & D+4 \end{vmatrix} y_1 = \begin{vmatrix} -2 & -3 \\ 1 & D+4 \end{vmatrix}$$

$$\begin{vmatrix} D-1 & -3 \\ 2 & D+4 \end{vmatrix} y_2 = \begin{vmatrix} D-1 & -2 \\ 2 & 1 \end{vmatrix}$$

だから，それぞれ計算すると

$$(D^2 + 3D + 2)y_1 = -2D - 5$$
$$(D^2 + 3D + 2)y_2 = D + 3$$

を得る．これらは(8.8a)，(8.8b)と同じである．したがって，クラメルの公式を用いて連立微分方程式が解けることが示された． ◆

 ここで示した方法は，演算子を使って直接解く方法に比べそれほど楽ともいえない．しかし，連立微分方程式が3元より大きくなったときには，試行錯誤をせずに済むクラメルの公式の方が確実に微分方程式を分離できる．

8.2.4 1次変換による解法 — 1階線形

 連立微分方程式に線形代数の考え方を使うというのは，単に形式的な解法の1つというだけでなく，そこから得られる物理的洞察が重要である．中心的話題である，「多自由度系の基準振動」は次節でじっくり考えることとして，本項ではまずその手法について習熟する．

 連立微分方程式を**ベクトルの1次変換**と見てみよう．すなわち，$y_1, y_2, \cdots$ を1つの「ベクトル y」と捉えることにより，微分方程式を「ベクトルに作用する行列」と考える．今，議論を1階定数係数線形微分方程式に限定する．すると一般に，n 元連立微分方程式は次の形に書ける．この形式を**連立微分方程式の正規形**とよぶ．

$$y_1' = a_{11}y_1 + a_{12}y_2 + \cdots + a_{1n}y_n + f_1(x)$$
$$y_2' = a_{21}y_1 + a_{22}y_2 + \cdots + a_{2n}y_n + f_2(x)$$
$$\vdots$$
$$y_n' = a_{n1}y_1 + a_{n2}y_2 + \cdots + a_{nn}y_n + f_n(x)$$

(8.11)

問題を微分方程式で表す際，従属変数 y_p', y_q' を同時に含む式ができる場合

もあるが，これらは適当な式変形によって正規形で表すことができる．

続いて，正規形の連立微分方程式の斉次形をベクトルと行列で表す．ベクトル y を，$(y_1, y_2, \cdots, y_n)$ を成分とするベクトルとすれば，その1階微分はベクトル $y' = (y_1', y_2' \cdots, y_n')$ で，以下の表現が可能である．

$$y' = \begin{pmatrix} a_{11} & a_{12} & \cdots & a_{1n} \\ a_{21} & a_{22} & \cdots & a_{2n} \\ \vdots & \vdots & \ddots & \vdots \\ a_{n1} & a_{n2} & \cdots & a_{nn} \end{pmatrix} y \tag{8.12}$$

(8.12)の行列は $n \times n$ の正方行列で，あるベクトル y を異なるベクトル y' に写像しているから，これは線形代数で教えるところの**ベクトルの1次変換**である．

線形代数を応用して，この微分方程式をベクトルのまま解く．初めに，微分方程式は1階線形だから，解を $y_1 = h_1 e^{\lambda x}, y_2 = h_2 e^{\lambda x}, \cdots$ と仮定するのは理にかなっている．ここで $h = (h_1, h_2, \cdots, h_n)$ なるベクトルを定義すれば，$y = e^{\lambda x} h$ と書ける．一方，y' は(8.12)とも表せるから，我々は以下の関係を得る．以降は(8.12)の係数行列を行列 $\mathbf{A}$ と書く．

$$y' = \mathbf{A} y$$
$$\lambda e^{\lambda x} h = \mathbf{A}(e^{\lambda x} h) \tag{8.13}$$

両辺を $e^{\lambda x}$ で割れば，$\lambda h = \mathbf{A} h$，すなわち「ベクトル h に行列 $\mathbf{A}$ を作用させたものが元の h の λ 倍である」という関係を得た．一般に，線形代数では，ある行列 $\mathbf{A}$ に対してこのような関係を得るベクトル h を行列の**固有ベクトル**，λ を**固有値**とよぶ．

単位行列 $\mathbf{E}$ を使い書きなおしておこう．

$$(\mathbf{A} - \lambda \mathbf{E}) h = \mathbf{0} \tag{8.14}$$

(8.14)が，$h = \mathbf{0}$ という自明な値以外の h で成り立つなら，行列 $(\mathbf{A} - \lambda \mathbf{E})$ の行列式はゼロでなくてはならない[†1]．成分で書き下せば，a_{ij} と λ の間に次の関係が成立する．

[†1] 線形代数の基本的な定理の1つ．

$$\begin{vmatrix} a_{11} - \lambda & a_{12} & \cdots & a_{1n} \\ a_{21} & a_{22} - \lambda & \cdots & a_{2n} \\ \vdots & \vdots & \ddots & \vdots \\ a_{n1} & a_{n2} & \cdots & a_{nn} - \lambda \end{vmatrix} = 0 \quad (8.15)$$

(8.15)を，連立微分方程式の**特性方程式**とよぶ．特性方程式は，実際にはλに関するn次方程式になるから，$\lambda_1, \lambda_2, \cdots, \lambda_n$の$n$個の$\lambda$が条件を満たす．これらは行列$\mathbf{A}$の固有値であるが，ここでは**特性方程式の根**とよぼう．

ここで，特性方程式の根が重根になる場合は取り扱わず，すべての根が相異なる場合について考える．すると，各々のλ_iに対応する$\boldsymbol{h}_i$が，(8.14)にλ_iを代入すれば得られる．

$$\begin{pmatrix} a_{11} - \lambda_i & a_{12} & \cdots & a_{1n} \\ a_{21} & a_{22} - \lambda_i & \cdots & a_{2n} \\ \vdots & \vdots & \ddots & \vdots \\ a_{n1} & a_{n2} & \cdots & a_{nn} - \lambda_i \end{pmatrix} \begin{pmatrix} h_{i1} \\ h_{i2} \\ \vdots \\ h_{in} \end{pmatrix} = \boldsymbol{0} \quad (8.16)$$

このようにして得られた$\boldsymbol{h}_1, \boldsymbol{h}_2, \cdots, \boldsymbol{h}_n$に各々$e^{\lambda_i}$を掛け，線形結合したもの

$$\boldsymbol{y} = C_1 e^{\lambda_1 x} \boldsymbol{h}_1 + C_2 e^{\lambda_2 x} \boldsymbol{h}_2 + \cdots + C_n e^{\lambda_n x} \boldsymbol{h}_n \quad (8.17)$$
$$(C_1, C_2, \cdots, C_n \text{は任意の定数})$$

が求めるべき微分方程式の「斉次形の一般解」である．

非斉次線形微分方程式の一般解は，「対応する斉次微分方程式の一般解に非斉次形の特殊解を加える」ことで得られる．これは，連立微分方程式でも同じである．非斉次形の特殊解を求めよう．特殊解を求める際の「コツ」は1元微分方程式と同じである．

例えば，非斉次項ベクトル$\boldsymbol{f}(x) = (f_1(x), f_2(x), \cdots, f_n(x))$の成分が1次以下のべき関数なら，

$$y_{s1} = B_1 x + D_1$$
$$y_{s2} = B_2 x + D_2$$
$$\vdots$$
$$y_{sn} = B_n x + D_n$$
$$(8.18)$$

を試してみる．これを

$$\bm{y}_s' = \bm{A}\bm{y}_s + \bm{f}(x) \tag{8.19}$$

に代入，$\bm{B} = (B_1, B_2, \cdots, B_n)$ と $\bm{D} = (D_1, D_2, \cdots, D_n)$ を定める．すると，非斉次微分方程式の一般解は

$$\bm{y} = C_1 e^{\lambda_1 x}\bm{h}_1 + C_2 e^{\lambda_2 x}\bm{h}_2 + \cdots + C_n e^{\lambda_n x}\bm{h}_n + x\bm{B} + \bm{D} \tag{8.20}$$
$$(C_1, C_2, \cdots, C_n は任意の定数)$$

と定まる．

一言でいってしまえば簡単なことなのだが，実際には $n > 2$ でこれを行うのは相当大変な作業である．ここでは，前項までに何度も異なる方法で解いてきた $n = 2$ の問題で，1次変換による解法を試してみよう．

例題8.5

次の連立微分方程式を，一次変換を使い解きなさい．
$$y_1' - y_1 - 3y_2 = -2$$
$$y_2' + 2y_1 + 4y_2 = 1$$

【解】微分方程式を正規形に変形，行列で表現する．

$$\begin{pmatrix} y_1' \\ y_2' \end{pmatrix} = \begin{pmatrix} 1 & 3 \\ -2 & -4 \end{pmatrix}\begin{pmatrix} y_1 \\ y_2 \end{pmatrix} + \begin{pmatrix} -2 \\ 1 \end{pmatrix} \tag{8.21}$$

斉次形を1次変換の方法を用いて解く．特性方程式は

$$\begin{vmatrix} 1-\lambda & 3 \\ -2 & -4-\lambda \end{vmatrix} = 0$$

$$\therefore \quad (1-\lambda)(-4-\lambda) + 6 = 0$$

で，根は $\lambda_1 = -1$ と $\lambda_2 = -2$ である．(8.14)を用い，それぞれの固有ベクトルを求める．$\lambda_1 = -1$ に対応する固有ベクトルは，

$$\begin{pmatrix} 1-(-1) & 3 \\ -2 & -4-(-1) \end{pmatrix}\begin{pmatrix} y_1 \\ y_2 \end{pmatrix} = \bm{0}$$

を解いて，

$$\begin{pmatrix} y_1 \\ y_2 \end{pmatrix} = k\begin{pmatrix} 3 \\ -2 \end{pmatrix} \quad (k は任意の定数)$$

と求まる．固有ベクトルには定数 k 倍の任意性があるが，どう決めても結局は任意定数 C_i に吸収されてしまうので，k を任意の実数に決めてよい．ここは，今までの解に合わせるため，$\boldsymbol{h}_1 = (1, -2/3)$ とする．

同じ方法で，$\lambda_2 = -2$ に対応する固有ベクトルを求める．

$$\begin{pmatrix} 1 - (-2) & 3 \\ -2 & -4 - (-2) \end{pmatrix} \begin{pmatrix} y_1 \\ y_2 \end{pmatrix} = \boldsymbol{0}$$

解けば，

$$\begin{pmatrix} y_1 \\ y_2 \end{pmatrix} = k \begin{pmatrix} 1 \\ -1 \end{pmatrix} \quad (k \text{ は任意の定数})$$

を得る．固有ベクトルを $\boldsymbol{h}_2 = (1, -1)$ としよう．これらを使うと斉次形の一般解が求まる．

$$\boldsymbol{y} = C_1 e^{-x} \boldsymbol{h}_1 + C_2 e^{-2x} \boldsymbol{h}_2 \quad (C_1, C_2 \text{ は任意の定数})$$

成分に書き下せば

$$y_1 = C_1 e^{-x} + C_2 e^{-2x}$$

$$y_2 = -\frac{2}{3} C_1 e^{-x} - C_2 e^{-2x}$$

である．

最後に特殊解を求める．非斉次項が定数だから，特殊解も定数を仮定する．特殊解を $\boldsymbol{B} = (B_1, B_2)$ と仮定，(8.21) に代入する．

$$\begin{pmatrix} 0 \\ 0 \end{pmatrix} = \begin{pmatrix} 1 & 3 \\ -2 & -4 \end{pmatrix} \begin{pmatrix} B_1 \\ B_2 \end{pmatrix} + \begin{pmatrix} -2 \\ 1 \end{pmatrix}$$

解けば，$B_1 = -5/2$，$B_2 = 3/2$ を得る．したがって

$$y_1 = C_1 e^{-x} + C_2 e^{-2x} - \frac{5}{2}$$

$$y_2 = -\frac{2}{3} C_1 e^{-x} - C_2 e^{-2x} + \frac{3}{2} \quad (C_1, C_2 \text{ は任意の定数})$$

となる． ◆

8.2.5　1次変換による解法 — 高階線形

前項の1次変換による解法は，1階連立微分方程式に適用範囲が限定され

るが,これはわずかな工夫で高階微分方程式に拡張できる.本書ではその手法を紹介するのみにとどめる.

> **例題 8.6**
> 2 階連立微分方程式を $\boldsymbol{y}' = \boldsymbol{A}\boldsymbol{y} + \boldsymbol{f}(x)$ の行列形式に変形しなさい.
> $$y_1'' + 2y_1' - y_1 - 3y_2 = -2$$
> $$y_2'' - y_2' + 2y_1 + 4y_2 = 1$$

【解】 新たな変数 $y_3 = y_1'$, $y_4 = y_2'$ を定義する.すると,問題は **4 元 1 階線形連立微分方程式** に変形できる.代入して,行列形式で表せば以下の通り.

$$\boldsymbol{y}' = \begin{pmatrix} 0 & 0 & 1 & 0 \\ 0 & 0 & 0 & 1 \\ 1 & 3 & -2 & 0 \\ -2 & -4 & 0 & -1 \end{pmatrix} \boldsymbol{y} + \begin{pmatrix} 0 \\ 0 \\ -2 \\ 1 \end{pmatrix} \qquad \blacklozenge$$

8.3 自由度と基準振動(モード)

例として,複数のおもりがばねで連結された図 8.1 の系の振る舞いについて考える.簡単のため運動は 1 次元とすると,従属変数はおもり 1, 2, ⋯ の位置 $x_1(t), x_2(t), \cdots$ である.このように,系の状態を記述するのに必要な従属変数の数は「自由度」とよばれる.n 個のおもりの 1 次元の運動は自由度 n,おもりに 2 次元の運動を許せば自由度は $2n$ である.

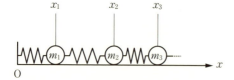

図 8.1 複数のおもりをばねで連結した系

> **自由度**
> 系の運動を記述するのに必要な変数の数を **自由度** とよぶ.1 つの質点の,3 次元空間の運動の自由度は「3」,3 つの質点の 2 次元空間の運動

は自由度「6」である．

　剛体は無数の質点からなると考えられるが，互いの位置が固定されているため自由度は少ない．剛体の3次元空間における運動の自由度は，並進の自由度「3」に3つの直交する軸周りの回転の自由度「3」を加えた「6」となる．

あるおもりを変位させて離せば，系全体が振動し，振動は永遠に減衰しないことは自明である（系にはエネルギー損失機構がないため）．一般に，振動の様子は大変複雑となるが，適切な初期条件を与えれば，すべてのおもりが同じ角振動数で，しかも同じ位相で振動することが示せる[†2]．

このような振動状態を，複数の自由度をもつ系の**基準振動（振動モード）**とよぶ．高校物理で，ぴんと張ったひもの振動を学んだことを思い出してほしい．振動は節のない基本振動（1次のモード），真ん中に1個の節のある2次のモード，等間隔に2個の節のある3次のモードと，いくつもの振動を起こすことができたはずだ（図8.2）．

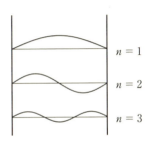

図 8.2　ぴんと張ったひもの基準振動．上から1次，2次，3次のモード．

　一般に，線形微分方程式で表される自由度 n の系には，n 個の異なる基準振動が存在することが知られている．ひもは，無数の質点とそれらをつなぐばねでモデル化できるから，上述の基準振動も理論上はいくらでも高い次数のモードが存在できる．一方，2個のおもりからなる1次元の運動は，2個の基準振動をもつことになる．そして，多自由度系のあらゆる振動は，これらの基準振動の線形結合として表せることが証明されている．これは，線形微分方程式の解が，指数関数の線形結合で表されることと似ている．

　我々は，複雑な現象が単純な要素に分解できたとき，その現象を「理解できた」と考える．その意味では，基準振動は，複雑な多自由度系の振動を理

[†2] すなわち，一定周期ですべてのおもりが静止状態と同じ配置になる．

解するのにとても有効な概念である．

では，与えられた系において，基準振動はどのような振動で，それらはどのような角振動数をもつだろうか．これを明らかにする直接的な方法が，前節で学んだ「1次変換による連立微分方程式の解法」なのである．

8.3.1 基準振動が存在する連立微分方程式

一般に，減衰しない振動解をもつ線形連立微分方程式は以下の形に書ける．

減衰しない振動解をもつ線形連立微分方程式

$$\ddot{x} = Ax + a \tag{8.22}$$

x：従属変数 $x_1, x_2, \cdots, x_n$ を要素にもつベクトル

a：$\ddot{x}$ と同じ次元をもつ定ベクトル

A：係数行列

ここで，(8.22)で記述される多自由度系には基準振動が存在することを証明する．

【証明】系の自由度を n とする．系に基準振動が「存在する」とすれば，基準振動の定義から，$x = \{x_1(t), x_2(t), \cdots, x_n(t)\}$ は

$$x = \cos(\omega t)h + X \tag{8.23}$$

と書ける．ここで h は振動モードの固有ベクトル，すなわち x_p の振幅の比率を表すベクトル，ω は角振動数，X は $x_1, x_2, \cdots, x_n$ の平衡状態を表す定ベクトルである．したがって，(8.23)が(8.22)の解であることを示せばよい．

(8.23)を(8.22)に代入する．

$$-\omega^2 \cos(\omega t)h = \cos(\omega t)Ah + AX + a \tag{8.24}$$

$x = X$ は系の平衡状態だから明らかに微分方程式の解で，しかも時間的に変化しない解だから，(8.22)に代入すれば

$$AX + a = 0 \tag{8.25}$$

の関係を得る．したがって，

$$-\omega^2 \boldsymbol{h} = \mathbf{A}\boldsymbol{h} \tag{8.26}$$

が成立する．この関係が成立するような $-\omega^2$ と $\boldsymbol{h}$ は，$\mathbf{A}$ の固有値と固有ベクトルである．これらを知るため，特性方程式 $|\mathbf{A} + \omega^2 \mathbf{E}| = 0$ を解く．

$$\begin{vmatrix} a_{11} + \omega^2 & a_{12} & \cdots & a_{1n} \\ a_{21} & a_{22} + \omega^2 & \cdots & a_{2n} \\ \vdots & \vdots & \ddots & \vdots \\ a_{n1} & a_{n2} & \cdots & a_{nn} + \omega^2 \end{vmatrix} = 0 \tag{8.27}$$

これは ω^2 についての n 次方程式をなすから，n 個の根 ω_i^2 と，対応する固有ベクトル $\boldsymbol{h}_i$ が得られる．

このようにして得られた

$$\boldsymbol{x}(t) = \cos(\omega_i t)\boldsymbol{h}_i + \boldsymbol{X} \tag{8.28}$$

は，当然(8.22)を満たすので，$\boldsymbol{x}(t) = \cos(\omega_i t)\boldsymbol{h}_i + \boldsymbol{X}$ が微分方程式の解であること，すなわち基準振動の存在が証明できた．　　**証明終**

基準振動

2階線形微分方程式で記述され，振動解をもつ多自由度系には**基準振動**が存在する．基準振動とは，系のすべての自由度 x_p（例えば質点の位置）が同じ角振動数，同じ位相で振動する状態である．

$$\boldsymbol{x}(t) = \cos(\omega_i t)\boldsymbol{h}_i + \boldsymbol{X} \tag{8.29}$$

ここで $\boldsymbol{x}(t)$ は $x_p(t)$ を成分としたベクトル，ω_i は n 個の相異なる角振動数の1つ，$\boldsymbol{h}_i$ は ω_i に対応する，x_p の相対的振幅を成分とするベクトル，$\boldsymbol{X}$ は平衡状態の x_p である．

自由度 n の系には n 個の基準振動があり，系の任意の振動は基準振動の線形結合で表すことができる．

「基準振動」の考え方は，1個の多原子分子から高層ビルに至るまで，2個以上の自由度をもつあらゆる系の振動を基本要素に分解する大変重要な概念である．ぜひ，その「アイデア」を本書を通じてしっかりと学びとってほしい．

8.3.2 ばねとおもりからなる系

例題 8.7

図 8.3 のように，質量 m の小さなおもり 2 個を，ばね定数 k，自然長 l の 3 本のばねで結ぶ．壁間距離は $3l$ で，おもりの大きさは無視できるため，平衡状態では 3 個のばねは自然長である．おもりは x 軸に沿った 1 次元を運動する．この系の 2 個の基準振動の振動形態および角振動数を答えなさい．

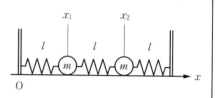

図 8.3 2 個のおもりを 3 個のばねでつないだ系

【解】 左側のおもりの位置を x_1，右側のおもりの位置を x_2 とする．それぞれのおもりが受ける力は，おもりに接続されたばねからの反発力のみを考えればよい．中央のばねは，ばねの伸び $(x_2 - x_1 - l)$ にばね定数を掛けた大きさの力で両端のおもりを引く，と考えればよい．このとき，力の符号は x 軸の右向きを正とすることに注意せよ．

図 8.3 の系の微分方程式

$$m\ddot{x}_1 = -k(x_1 - l) + k(x_2 - x_1 - l) \quad (8.30\text{a})$$

$$m\ddot{x}_2 = k(2l - x_2) - k(x_2 - x_1 - l) \quad (8.30\text{b})$$

- m ：おもりの質量 [kg]
- x_1, x_2 ：おもりの位置 [m]
- k ：ばね定数 [N/m]
- l ：ばねの自然長 [m]

正規形に変形し，行列とベクトルで表す．ここで，見通しをよくするため $\Omega^2 = k/m$ とおきかえる．

8.3 自由度と基準振動（モード）

$$\begin{pmatrix} \ddot{x}_1 \\ \ddot{x}_2 \end{pmatrix} = \begin{pmatrix} -2\Omega^2 & \Omega^2 \\ \Omega^2 & -2\Omega^2 \end{pmatrix} \begin{pmatrix} x_1 \\ x_2 \end{pmatrix} + \begin{pmatrix} 0 \\ \dfrac{3l}{m} \end{pmatrix}$$

これは，(8.22)の形をしているので，基準振動が存在することがわかる．基準角振動数を求めるため，特性方程式を立てて解く．

$$\begin{vmatrix} -2\Omega^2 + \omega^2 & \Omega^2 \\ \Omega^2 & -2\Omega^2 + \omega^2 \end{vmatrix} = 0$$

$$\therefore \ (-2\Omega^2 + \omega^2)^2 - \Omega^4 = 0$$

根は $\omega_1{}^2 = \Omega^2$ と $\omega_2{}^2 = 3\Omega^2$ である．それぞれの固有ベクトルを求める．$\omega_1{}^2 = \Omega^2$ に対応する固有ベクトルを求めれば，

$$\begin{pmatrix} -2\Omega^2 + \Omega^2 & \Omega^2 \\ \Omega^2 & -2\Omega^2 + \Omega^2 \end{pmatrix} \begin{pmatrix} x_1 \\ x_2 \end{pmatrix} = 0$$

から $\boldsymbol{h}_1 = (1, 1)$ を得る．同様に，$\omega_2{}^2 = 3\Omega^2$ に対応する固有ベクトルは $\boldsymbol{h}_2 = (1, -1)$ とわかる．

以上で，本問で問われている基準振動の**角振動数**と**振動モード**をすべて知ることができた．　◆

図8.4は，図8.3の系の2個の基準振動の様子を図示したものである．角振動数が低いモード1は固有ベクトルが $(1, 1)$ だから，中央のばねが自然長を保ったまま2個のおもりが同時に，同じ方向に振動する．この際，2個のおもりは1個の剛体と見なすことができるので，質量 $2m$ のおもりがばね定数 k の2本のばねで支えられていることになり，角振動数が $\omega_1{}^2 = k/m$ に

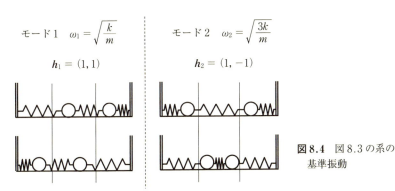

図8.4　図8.3の系の基準振動

一致することが直感的に理解できる．

一方，角振動数が高いモード2は固有ベクトルが $(1,-1)$ だから，2個のおもりは対称に振動している．この場合，個々のおもりはばね定数 k の2本のばねから同じ方向の力を受ける．しかしその大きさは異なり，端を固定されているばねが Δx 変位しているとき，中央のばねは $2\Delta x$ 変位しているから，弾性力は合計 $3k\Delta x$ で，角振動数が $\omega_2{}^2 = 3k/m$ であることの説明がつく．

さて，ここまでの解析では，任意の初期条件におけるおもりの運動を我々はまだ知らない．これを知る1つの方法が，(8.30a)，(8.30b)を正直に積分して一般解を得ることだが，我々はすでに「あらゆる振動は基準振動の線形結合で表せる」ことを知っている．この方法を使おう．

ここで注意すべきは，8.3.1項（→ p.172）で存在を仮定した基準振動は $\cos(\omega t)$ だったが，これを $\sin(\omega t)$ としても全く同様の議論が成立する，という点である．したがって，微分方程式の一般解は以下のように書かれる．

$$\boldsymbol{x} = \{A_1\cos(\omega_1 t) + B_1\sin(\omega_1 t)\}\boldsymbol{h}_1 + \{A_2\cos(\omega_2 t) + B_2\sin(\omega_2 t)\}\boldsymbol{h}_2 + \boldsymbol{X}$$
$$(A_1, A_2, B_1, B_2 \text{ は任意の定数})$$
(8.31)

同じ角振動数のサインとコサインを統合した以下の表現も可能である（→ 6.2.1項，p.111）．

$$\boldsymbol{x} = R_1\cos(\omega_1 t + \delta_1)\boldsymbol{h}_1 + R_2\cos(\omega_2 t + \delta_2)\boldsymbol{h}_2 + \boldsymbol{X}$$
$$(R_1, R_2, \delta_1, \delta_2 \text{ は任意の定数})$$
(8.32)

さて，(8.31)，(8.32)は本当に一般解なのだろうか？ これは，線形微分方程式の以下の定理を考えればわかる．

線形微分方程式の一般解

1. 線形微分方程式に特異解はない．
2. 連立微分方程式の一般解は，各従属変数の微分の階数を合計した数の任意定数を含む．

(8.30a), (8.30b) は 2 つの従属変数をもつ 2 階の連立微分方程式だから，4 つの任意定数を含む(8.31), (8.32) は一般解である．

8.3.3 連成振り子

もう 1 つの，典型的な 2 自由度機械振動が，**連成振り子**である．

> **例題 8.8**
>
> 図 8.5 のように，質量 m のおもりと長さ l のひもからなる 2 個の振り子をばねでつないだ．ばねは軽く，自然長は d，ばね定数は k である．おもりの大きさは無視できて，平衡状態ではばねは自然長である．おもりは紙面内の 1 次元を運動する．この系の 2 個の基準振動の振動形態および角振動数を答えなさい．ただし，重力加速度の大ききさを g として，振り子の振幅は小さいとする．

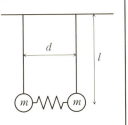

図 8.5 2 個の振り子をばねでつないだ系

【解】 図 8.6 のように，左側のおもりの振れ角を θ_1，右側のおもりの振れ角を θ_2 とする．それぞれのおもりが受ける力は，重力とばねからの反発力である．$\sin\theta \sim \theta$ の近似を採用すると，ばねの伸びは $l(\theta_2 - \theta_1)$ と書ける．

ばねは，その伸びにばね定数を掛けた大きさで左右のおもりを引く．とりあえず，従属変数を軌道に沿った位置 x_1, x_2 にとり，運動方程式を立てる（→ 6.2.2 項 p.115）．

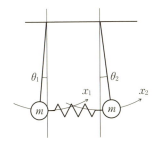

図 8.6 座標系の定義

図 8.5 の系の微分方程式

$$m\ddot{x}_1 = -mg\theta_1 + kl(\theta_2 - \theta_1) \tag{8.33a}$$

$$m\ddot{x}_2 = -mg\theta_2 - kl(\theta_2 - \theta_1) \tag{8.33b}$$

m ：おもりの質量 [kg]

x_1, x_2：おもりの位置 [m]

g ：重力加速度 [m/s^2]

θ_1, θ_2：振り子の角度 [rad]

k ：ばね定数 [N/m]

l ：ひもの長さ [m]

従属変数 x_p を θ_p に変換，見通しをよくするため $\Omega_1{}^2 = g/l$, $\Omega_2{}^2 = k/m$ とおきかえる．

$$\begin{pmatrix} \ddot{\theta}_1 \\ \ddot{\theta}_2 \end{pmatrix} = \begin{pmatrix} -\Omega_1{}^2 - \Omega_2{}^2 & \Omega_2{}^2 \\ \Omega_2{}^2 & -\Omega_1{}^2 - \Omega_2{}^2 \end{pmatrix} \begin{pmatrix} \theta_1 \\ \theta_2 \end{pmatrix}$$

特性方程式は以下のようになる．

$$\begin{vmatrix} -\Omega_1{}^2 - \Omega_2{}^2 + \omega^2 & \Omega_2{}^2 \\ \Omega_2{}^2 & -\Omega_1{}^2 - \Omega_2{}^2 + \omega^2 \end{vmatrix} = 0$$

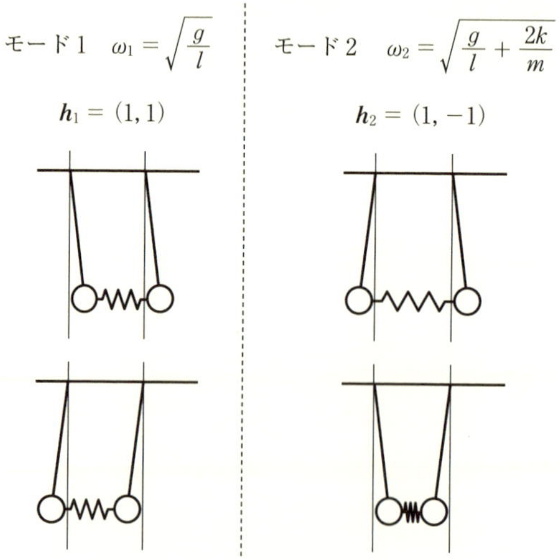

モード1　$\omega_1 = \sqrt{\dfrac{g}{l}}$　　　　モード2　$\omega_2 = \sqrt{\dfrac{g}{l} + \dfrac{2k}{m}}$

$\boldsymbol{h}_1 = (1, 1)$　　　　　　　　　$\boldsymbol{h}_2 = (1, -1)$

図 8.7　図 8.5 の系の基準振動

$$(-\Omega_1{}^2 - \Omega_2{}^2 + \omega^2)^2 - \Omega_2{}^4 = 0$$

根は $\omega_1{}^2 = \Omega_1{}^2$ と $\omega_2{}^2 = \Omega_1{}^2 + 2\Omega_2{}^2$ である．それぞれの固有ベクトルを求める．$\omega_1{}^2 = \Omega_1{}^2$ に対応する固有ベクトルを求めれば，

$$\begin{pmatrix} -\Omega_1{}^2 - \Omega_2{}^2 + \Omega_1{}^2 & \Omega_2{}^2 \\ \Omega_2{}^2 & -\Omega_1{}^2 - \Omega_2{}^2 + \Omega_1{}^2 \end{pmatrix} \begin{pmatrix} x_1 \\ x_2 \end{pmatrix} = \mathbf{0}$$

から $\boldsymbol{h}_1 = (1, 1)$ を得る．同様に $\omega_2{}^2 = \Omega_1{}^2 + 2\Omega_2{}^2$ に対応する固有ベクトルは $\boldsymbol{h}_2 = (1, -1)$ とわかる．2 個の基準振動の角振動数と振動モードを図 8.7 に示した． ◆

角振動数が低いモード 1 は，2 個の振り子が平行に運動するモードで，ばねは伸縮しないから，角振動数は各々の振り子の固有角振動数 $\Omega_1 = \sqrt{g/l}$ に等しい．

一方，角振動数が高いモード 2 は，2 個のおもりが対称に振動する．この場合，おもりにはたらく復元力は重力とばねの復元力の和で，それぞれの寄与が Ω_1, Ω_2 である．おもりは対称に振動するから，ばねの変形量は各々のおもりの変位の 2 倍である．したがって，$\Omega_2{}^2 = k/m$ には係数 2 が掛かる．

8.3.4 LC 回路

抵抗が存在しない，複数のコイルとコンデンサーからなる系も振動解をもつ多自由度の系である．以下の回路は 2 自由度の系である．この回路の振動モードを解析してみよう．

例題 8.9

図 8.8 のように，インダクタンスが L のコイルと容量が C のコンデンサーからなる閉回路がある．回路に流れる電流 I_1, I_2 を従属変数として，この系の 2 個の基準振動の振動形態および角周波数を答えなさい．

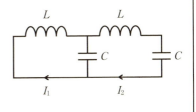

図 8.8 LC 回路

【解】 今まで考えてきた問題は，系に幾何的対称性があったため，基準振動のモードを直感的に頭に浮かべることは容易であった．しかし今度の問題は，モードがどのような振動電流になるのか見当もつかないだろう．こんなときにこそ線形代数を用いたモード解析が威力を発揮する．

キルヒホッフの法則を使い，I_1, I_2 についての微分方程式を立てる（→ 5.2.1 項，p. 72）．

$$L\dot{I}_1 + \frac{1}{C}\int (I_1 - I_2)\, dt = 0 \tag{8.34a}$$

$$L\dot{I}_2 + \frac{1}{C}\int I_2\, dt - \frac{1}{C}\int (I_1 - I_2)\, dt = 0 \tag{8.34b}$$

両辺を t で 1 回微分すると，以下の連立微分方程式を得る．

図 8.8 の系の微分方程式

$$L\ddot{I}_1 + \frac{1}{C}(I_1 - I_2) = 0 \tag{8.35a}$$

$$L\ddot{I}_2 + \frac{1}{C}(-I_1 + 2I_2) = 0 \tag{8.35b}$$

L ：インダクタンス [H]

I_1, I_2 ：電流 [A]

C ：容量 [F]

微分方程式は，**減衰項をもたない 2 階線形連立微分方程式**になった．正規形に書きなおそう．見通しをよくするため $\Omega^2 = 1/LC$ とおきかえる．

$$\begin{pmatrix} \ddot{I}_1 \\ \ddot{I}_2 \end{pmatrix} = \begin{pmatrix} -\Omega^2 & \Omega^2 \\ \Omega^2 & -2\Omega^2 \end{pmatrix} \begin{pmatrix} I_1 \\ I_2 \end{pmatrix}$$

特性方程式は

$$\begin{vmatrix} -\Omega^2 + \omega^2 & \Omega^2 \\ \Omega^2 & -2\Omega^2 + \omega^2 \end{vmatrix} = 0$$

$$(-\Omega^2 + \omega^2)(-2\Omega^2 + \omega^2) - \Omega^4 = 0$$

で，根は $\omega_1^2 = (3 - \sqrt{5})\Omega^2/2$，$\omega_2^2 = (3 + \sqrt{5})\Omega^2/2$ である．それぞれの固有ベクトルを求める．ω_1^2 に対応する固有ベクトルを求めれば，

8.3 自由度と基準振動（モード）

$$\begin{pmatrix} -\Omega^2 + \dfrac{(3-\sqrt{5})\Omega^2}{2} & \Omega^2 \\ \Omega^2 & -2\Omega^2 + \dfrac{(3-\sqrt{5})\Omega^2}{2} \end{pmatrix} \begin{pmatrix} I_1 \\ I_2 \end{pmatrix} = \mathbf{0}$$

から $\mathbf{h}_1 = (2, -1+\sqrt{5})$ を得る．同様に ω_2^2 に対応する固有ベクトルは $\mathbf{h}_2 = (2, -1-\sqrt{5})$ とわかる．2個の基準振動の角振動数と振動モードを図 8.9 に示した．

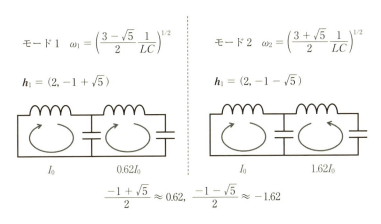

モード 1 $\quad \omega_1 = \left(\dfrac{3-\sqrt{5}}{2}\dfrac{1}{LC}\right)^{1/2}$

$\mathbf{h}_1 = (2, -1+\sqrt{5})$

モード 2 $\quad \omega_2 = \left(\dfrac{3+\sqrt{5}}{2}\dfrac{1}{LC}\right)^{1/2}$

$\mathbf{h}_1 = (2, -1-\sqrt{5})$

$\dfrac{-1+\sqrt{5}}{2} \approx 0.62, \quad \dfrac{-1-\sqrt{5}}{2} \approx -1.62$

図 8.9　図 8.8 の系の基準振動

◆

どちらのモードも I_1 と I_2 の絶対値は異なるが，角周波数が低いモード 1 は 2 つのループの電流が同じ方向，角周波数が高いモード 2 は 2 つのループの電流が逆方向で，力学系と同様の振動モードが得られた．

モード 2 の角周波数が大きい理由は，「中央のコンデンサーに I_1 と I_2 が同じ方向で流れ込むため，充電が早く終了するから」と説明できる．このように，どのような現象に対しても常に第 1 次近似の説明ができるような「センス」を磨いてほしい．

章 末 問 題

8.1 次の連立微分方程式を(a), (b)の2つの解法で解きなさい．
(a) 1元微分方程式に変形する解法
(b) 1次変換による解法

$$y_1' + 2y_1 - 2y_2 = 1 \tag{8.36a}$$
$$y_2' + y_1 + 5y_2 = 2 \tag{8.36b}$$

8.2 図8.10のように，小さなおもり2個を，3本のばねで結ぶ．3本のばねの長さはいずれもlで，平衡状態ではばねは自然長である．ばね定数は中央のばねがk'，左右のばねがkである．また，左のおもりは質量$2m$，右のおもりは質量mである．
(a) おもりは図のx軸に沿って運動する．連立微分方程式を立てなさい．
(b) 基準振動の角振動数を答えなさい．

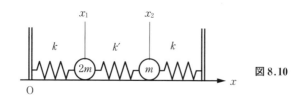

図 8.10

8.3 次の微分方程式を1階連立微分方程式に書きかえ，行列形式で表しなさい．
$$y''' + ay'' + by' + cy = 0 \tag{8.37}$$

8.4 放射性同位元素Aが崩壊してBに変わり，Bがさらに崩壊してCに変わる崩壊過程では，次の連立微分方程式が成立する．

$$\dot{N}_A = -\lambda_A N_A \tag{8.38a}$$
$$\dot{N}_B = \lambda_A N_A - \lambda_B N_B \tag{8.38b}$$
$$\dot{N}_C = \lambda_B N_B - \lambda_C N_C \tag{8.38c}$$

ここで，N_A, N_B, N_CはA, B, Cの数であり，$\lambda_A, \lambda_B, \lambda_C$は崩壊定数$[\mathrm{s}^{-1}]$である．$N_A, N_B$を消去し，$N_C$が従う3階線形微分方程式を求めなさい．

9 特殊な解法

17世紀にニュートン，ライプニッツによって発見された「微分」・「積分」の考え方は，自然界を記述する強力な武器である「微分方程式」を産んだ．

その後の微分方程式の発展を大まかに分類すれば，1つはより幅広い現象への適用で，もう1つはより高度な解法の追求ということができるだろう．

本書の第3章から第8章までの内容は，主に前者に重点がおかれた内容になっている．そして，2階微分方程式を解くことで明らかになった「共振現象」（第7章），連立微分方程式を解くことで明らかになった「振動モードの存在」（第8章）など，問題を微分方程式におきかえることは，しばしばその背後に潜む物理的本質をあぶり出す．

本章では，一転して後者についていくつかのことを学ぶ．ただし，微分方程式の解法でも特に重要な，「フーリエ変換」，「ラプラス変換」，「数値解法」などは取り上げない．これらは，むしろこれらの内容に特化した書籍で一から学ぶべきだと筆者は考えている．

本章で取り上げる「微分演算子」，「べき級数法」は，微分方程式が他の数学を利用してどのように発展してきたかを知る上でも最適な入門編といえよう．パズルを解くような気持ちで読み進めてもらいたい．

9.1 演算子法

本節では，演算子法による定数係数非斉次線形微分方程式の特殊解の求め方について学ぶ．19世紀末，物理学者オリバー・ヘヴィサイドによって提唱されたこの方法は，初めは「理屈はわからないが何故か上手くいく」解法として重宝された一方，「数学的に厳密でない解法は使うべきでない」と忌避された歴史ももつ．もちろん，20世紀になってから，演算子法がなぜ正

しいかは厳密に証明された．その理論的根拠が，本書では取り上げない**ラプラス変換**である．したがって，演算子法は，ラプラス変換の入門編という側面ももつ．

9.1.1　微分演算子 D

まず，微分演算子 D を定義する．

---**微分演算子 D**---

ある変数 y を独立変数（例えば x）で微分することを
$$y' = Dy \tag{9.1}$$
と書き，「y に D を左から掛ける」操作と見なす．n 階の微分は D を n 乗し，
$$y^{(n)} = D^n y \tag{9.2}$$
と書く．

これは，前章で定義した微分演算子 D と同じものである．前章では，D を使って連立微分方程式を連立方程式のように解くことを可能にしたが，本章では D を使って非斉次線形微分方程式の特殊解を得る方法を学ぶ．

微分演算子には，次の基本的な性質がある．

---**微分演算子の基本的性質**---

$$D(ay) = aDy \tag{9.3}$$
$$D(ay) + D(by) = D(ay + by) \tag{9.4}$$

証明は，D を $\dfrac{d}{dx}$ におきかえ，微分の基本公式（→ 1.1.2 項，p.5）を適用すれば容易である．これらの性質から，演算子 D は，「左から掛ける」という原則の下で，文字定数のように扱ってよいことがわかる．

非斉次線形微分方程式 $P(y, y', \cdots) = f(x)$ の解法は以下の通りである．

1. 斉次形の微分方程式 $P(y, y', \cdots) = 0$ について，特性方程式を立てる．

2. 特性方程式の根を求める．
3. 特性方程式の根を $\lambda_1, \lambda_2, \cdots$ とすれば，斉次形微分方程式の一般解は $y = C_1 e^{\lambda_1 x} + C_2 e^{\lambda_2 x} + \cdots$ である[†1]．
4. 何らかの方法で，$P(y, y', \cdots) = f(x)$ を満たす特殊解 $y_s(x)$ を求める．

以上の 4 ステップで，$P(y, y', \cdots) = f(x)$ の一般解が $y = C_1 e^{\lambda_1 x} + C_2 e^{\lambda_2 x} + \cdots + y_s$ と求まるわけだが，最後のステップ 4 で適用可能な解法を今までに 2 種類学んだ．それらが

・未定係数法（2.5.2 項→ p.34）
・定数変化法（2.5.3 項→ p.38）

である．本節で学ぶのは，このどちらとも異なる第 3 の解法である．

9.1.2 微分多項式

前項の定義に従うと，定数係数線形微分方程式は，微分演算子の定数倍とべき乗を組み合わせた多項式で表せる．これを**微分多項式**とよぶ．

微分多項式

微分方程式の左辺，
$$a_n y^{(n)} + a_{n-1} y^{(n-1)} + \cdots + a_1 y' + a_0 y \tag{9.5}$$
を
$$(a_n D^n + a_{n-1} D^{n-1} + \cdots + a_1 D + a_0) y = P(D) y \tag{9.6}$$
とおきかえたとき，D の多項式 $P(D)$ を「微分多項式」とよぶ．

任意の微分多項式
$$P(D) = a_n D^n + a_{n-1} D^{n-1} + \cdots + a_0$$
$$Q(D) = b_n D^n + b_{n-1} D^{n-1} + \cdots + b_0$$
に対して以下の定理が成立する．

[†1] 特性方程式の根が重根を含む場合は例外（→ 2.4.5 項, p.32）．

9 特殊な解法

微分多項式の結合則，交換則，分配則

$$\{P(D) + Q(D)\}y = P(D)y + Q(D)y \tag{9.7}$$

$$\{P(D) \cdot Q(D)\}y = P(D)\{Q(D)y\} = Q(D)\{P(D)y\} \tag{9.8}$$

次に，微分多項式 $P(D)$ の**逆演算子** $P^{-1}(D)$ を定義する．

微分多項式の逆演算子

$P(D)y = f(x)$ を満たす $f(x)$ に作用し，次の関係を満たす $P^{-1}(D)$ を $P(D)$ の**逆演算子**とよぶ．

$$y = P^{-1}(D)f(x) \tag{9.9}$$

逆演算子は演算子の逆関数で，逆数ではない．しかし，y に作用する演算子は D と y の積のように扱えるから，逆演算子は $P(D)$ の「逆数の掛け算」のように考えてよい[†2]．すなわち，

$$y = \frac{1}{P(D)}f(x) \tag{9.10}$$

である．したがって，逆演算子に対しても次の定理が成立する．

逆演算子の結合則，交換則，分配則

$$\frac{1}{(D+\alpha)(D+\beta)}f(x) = \frac{1}{\beta-\alpha}\left\{\frac{1}{D+\alpha}f(x) + \frac{1}{D+\beta}f(x)\right\} \tag{9.11}$$

$$\frac{1}{P(D)\cdot Q(D)}f(x) = \frac{1}{P(D)}\left\{\frac{1}{Q(D)}f(x)\right\} = \frac{1}{Q(D)}\left\{\frac{1}{P(D)}f(x)\right\} \tag{9.12}$$

$f(x)$ に $\dfrac{1}{P(D)}$ を作用させるということは，微分方程式の特殊解 (y_s) を求めることに他ならないわけで，この具体的な方法さえわかれば我々の目的は達せられる．

ところが，これが言うは易く行うは難い作業なのである．解法は $f(x)$ の

[†2] ヘヴィサイドは，ここを曖昧にしたままだったので批判された．

形によっても，$P(D)$ の形によっても異なる．まずは一つひとつ，簡単な例からマスターしていこう．

9.1.3 $f(x)$ が指数関数のとき

初めに，$f(x)$ が指数関数 $e^{\alpha x}$ の場合を考える．このとき，次の公式が成立する．

公式1　任意の微分多項式 $P(D)$ と $f(x) = e^{\alpha x}$ の公式

$$\frac{1}{P(D)} e^{\alpha x} = \frac{e^{\alpha x}}{P(\alpha)} \tag{9.13}$$

α は任意の定数，$P(\alpha) \neq 0$

【証明】　初めに，指数関数に $P(D)$ を作用させると，その指数関数に $P(\alpha)$ を掛けた形を得ることを示す．ここで，$P(\alpha)$ は，微分多項式 $P(D)$ の D を α におきかえた多項式である．

$$\begin{aligned} P(D)e^{\alpha x} &= a_n \frac{d^n}{dx^n} e^{\alpha x} + a_{n-1} \frac{d^{n-1}}{dx^{n-1}} e^{\alpha x} + \cdots + a_1 \frac{d}{dx} e^{\alpha x} + a_0 e^{\alpha x} \\ &= (a_n \alpha^n + a_{n-1} \alpha^{n-1} + \cdots + a_1 \alpha_1 + a_0) e^{\alpha x} \\ &= P(\alpha) e^{\alpha x} \end{aligned} \tag{9.14}$$

次に，$e^{\alpha x}$ に左から $P^{-1}(D)P(D)$ を作用させると元に戻るが，$P(D)e^{\alpha x}$ を先に計算したところで止める．

$$e^{\alpha x} = \frac{1}{P(D)} P(D) e^{\alpha x} = \frac{1}{P(D)} [P(\alpha) e^{\alpha x}] \tag{9.15}$$

$P(\alpha)$ は定数だから微分演算子の前に出せて，左辺に移項すれば(9.13)を得る．
　　　　　　　　　　　　　　　　　　　　　　　　　　　　　　　　証明終

公式1を使う例題に取り組んでみよう．

例題 9.1

特殊解を求めなさい．
$$y'' - 3y' + 4y = 2e^{-x}$$

【解】 微分多項式は $P(D) = D^2 - 3D + 4$. したがって公式1を使い

$$y_s = 2 \frac{1}{(-1)^2 - 3(-1) + 4} e^{-x}$$
$$= \frac{1}{4} e^{-x} \tag{9.16}$$

◆

未定係数法だと結構面倒な計算が, 一瞬でできることがわかる. (9.16)を微分方程式に代入し, 解であることを確認すること.

$P(\alpha) = 0$ の場合は手も足も出ないか, というとそんなことはない. 解き方は9.1.8項（→ p.194）で考える.

9.1.4 微分多項式が $(D + \alpha)$ のとき

公式1は, $f(x)$ が指数関数のときのみ適用できるものである. では, それ以外の関数のときはどうなるかというと, 一般の $P^{-1}(D)$ に適用できる公式はない. その代わり, $(D + \alpha)^{-1} f(x)$ なら, あらゆる $f(x)$ に対して適用できる解法がある.

$P(D)$ は線形微分方程式の特性方程式と同じ形をしているから, それは必ず特性方程式の根を使い

$$\frac{1}{P(D)} = \frac{1}{D - \lambda_1} \cdot \frac{1}{D - \lambda_2} \cdots \tag{9.17}$$

の形に書ける. したがって, 斉次形の一般解が見出されれば, 原理的にはどんな $f(x)$ でも1つずつ $(D - \lambda_i)^{-1}$ を作用させていけば, 最終的には $P^{-1}(D) f(x)$ を得る. ただし, 話はそれほど単純ではない. 順を追って説明しよう.

公式2 $(D + \alpha)^{-1}$ の基本公式（α は任意の定数）

$$\frac{1}{D + \alpha} f(x) = e^{-\alpha x} \int e^{\alpha x} f(x) \, dx \tag{9.18}$$

$$\frac{1}{(D+\alpha)^n}f(x) = e^{-\alpha x}\iiint\cdots e^{\alpha x}f(x)\,dx^n \quad (n\text{ 回積分})$$
(9.19)

【証明】 任意の $p(x)$ について以下の関係が成立する．

$$\begin{aligned}D\{e^{\alpha x}p(x)\} &= \alpha e^{\alpha x}p(x) + e^{\alpha x}Dp(x)\\ &= e^{\alpha x}(D+\alpha)p(x)\end{aligned}$$
(9.20)

上の公式を，$p(x) = \dfrac{1}{D+\alpha}f(x)$ として適用すると，

$$D\left\{e^{\alpha x}\frac{1}{D+\alpha}f(x)\right\} = e^{\alpha x}(D+\alpha)\frac{1}{D+\alpha}f(x)$$
(9.21)

となる．右辺の $(D+\alpha)\dfrac{1}{D+\alpha}$ は打ち消し合うから，

$$D\left\{e^{\alpha x}\frac{1}{D+\alpha}f(x)\right\} = e^{\alpha x}f(x)$$
(9.22)

を得る．両辺を 1 回積分し，

$$e^{\alpha x}\frac{1}{D+\alpha}f(x) = \int e^{\alpha x}f(x)\,dx$$
(9.23)

を得て，左辺の $e^{\alpha x}$ を移項すれば(9.18)を得る．

詳細は省くが，(9.19)は，(9.18)のプロセスを n 回繰り返すことで証明される． **証明終**

具体的な例題を解いてみよう．

例題 9.2
特殊解を求めなさい．
$$y'' - 2y' - 3y = x$$

【解】
$$\begin{aligned}y_s &= \frac{1}{D^2 - 2D - 3}x = \frac{1}{D-3}\cdot\frac{1}{D+1}x\\ &= \frac{1}{D-3}e^{-x}\int e^x x\,dx \quad \leftarrow 公式2\end{aligned}$$

$$= \frac{1}{D-3} e^{-x} \{e^x (x-1)\} = \frac{1}{D-3}(x-1)$$

$$= e^{3x} \int e^{-3x}(x-1)\,dx \quad \leftarrow 公式2$$

$$= e^{3x}\left\{-\frac{1}{9}e^{-3x}(3x-2)\right\} = -\frac{1}{3}x + \frac{2}{9}$$

◆

確かに，$f(x)$ がべき関数でも，演算子法で特殊解が得られることがわかった．しかし，一般に $\int e^x f(x)\,dx$ の積分は容易ではない．上の例題も，未定係数法と比べて楽な計算とはとてもいえないだろう．

多くの問題で，微分方程式の非斉次項 $f(x)$ は指数関数，べき関数，三角関数の組み合わせである．$f(x)$ が指数関数のときは，任意の $P(D)$ について成り立つ便利な公式をすでに提示した．したがってべき関数，三角関数についての便利な公式があれば，ほとんどの場合で上述のような面倒な積分計算をする必要はなくなる．そして幸いなことに，そういった公式はある．以下，それぞれについて見ていくこととする．

9.1.5 $f(x)$ がべき関数のとき

$P(D)$ を一般的な文字式と見なせば，以下のような無限級数の和の公式が適用できる．そして，実際それは微分演算子においても成立する．

公式3　べき関数に適用する $(D+\alpha)^{-1}$ の変形

$$\frac{1}{D+\alpha} = \frac{1}{\alpha}\left(1 - \frac{D}{\alpha} + \frac{D^2}{\alpha^2} - \frac{D^3}{\alpha^3}\cdots\right) \qquad (9.24)$$

この公式を，n 次のべき関数に適用する．すると，演算子の作用はもはや積分でなく微分なので，D^{n+1} 以降はすべてゼロとなる．この公式を使えば，$f(x)$ がべき関数の問題は，一切の積分演算を行わず解に到達できる．例題で確認しよう．

> **例題 9.3**
> 特殊解を求めなさい．
> $$y'' - 2y' - 3y = x$$

【解】
$$y_s = \frac{1}{D^2 - 2D - 3}x = \frac{1}{D-3} \cdot \frac{1}{D+1}x$$

$$= \frac{1}{D-3}(x - Dx) \quad \leftarrow \text{公式 3}$$

$$= \frac{1}{D-3}(x-1) = -\frac{1}{3}\left\{(x-1) + \frac{1}{3}D(x-1)\right\} \quad \leftarrow \text{公式 3}$$

$$= -\frac{1}{3}x + \frac{2}{9} \qquad \blacklozenge$$

例題 9.2 と同じ結果を得た．今度は，計算はべき関数の微分と加減乗除のみとなり，ずいぶんと楽になった．

9.1.6 $f(x)$ が三角関数のとき

$f(x)$ が三角関数のときは，第 5 章で登場した「複素関数表示」（→ 5.2.4 項，p.81）を使う．複素関数表示がなぜ正しい計算結果を導くかは本書では証明しないが，むろんそこには厳密に証明された数学的根拠がある．「三角関数を指数関数と見なす」考え方は，微分演算子の「微分を文字定数と見なす」思想と通じるものがある．

> **公式 4 複素関数表示**
> $\cos(ax)$（a は定数）を e^{iax} とおきかえる．そして，e^{iax} に対して線形な演算（e^{iax} 同士を掛けない加減乗除，微分，積分などの操作）を行った後，その実部をとれば，それは $\cos(ax)$ に対して同じ演算を行った結果に一致する．$\sin(bx)$ に対しては，e^{ibx} とおきかえ，演算操作を行った後に虚部をとればよい．

指数関数に対しては，任意の $P(D)$ で成り立つ公式があるため，これは大

変都合がよい．易しい例題を解いてみる．これは，5.2.3項（→ p.78）の「交流電源を接続した RC 直列回路」の問題である．

例題 9.4

特殊解を求めなさい．
$$R\dot{I} + \frac{I}{C} = -\omega E_0 \sin(\omega t)$$

【解】 微分方程式を演算子で書き直す．
$$I = -\frac{\omega E_0}{R} \frac{1}{D + 1/(RC)} \sin(\omega t)$$

$\sin(\omega t)$ を $e^{i\omega t}$ におきかえる．こうしておきかえた電流を $\tilde{I}$ と書こう．
$$\tilde{I} = -\frac{\omega E_0}{R} \frac{1}{D + 1/(RC)} e^{i\omega t}$$

ここで公式1を使う．すなわち，D を $i\omega$ におきかえる．
$$\tilde{I} = -\frac{\omega E_0}{R} \frac{1}{i\omega + 1/(RC)} e^{i\omega t} \tag{9.25}$$

最後に，(9.25)を実部と虚部に分離，虚部のみをとれば解を得る．
$$\tilde{I} = -\frac{\omega E_0}{R} \frac{RC(1 - i\omega RC)}{1 + \omega^2 R^2 C^2} \{\cos(\omega t) + i\sin(\omega t)\}$$
$$I = \mathrm{Im}(\tilde{I})$$
$$= \frac{\omega RC\{\omega RC \cos(\omega t) - \sin(\omega t)\}}{1 + \omega^2 R^2 C^2} \left(\frac{E_0}{R}\right) \qquad \blacklozenge$$

結果は，(5.32)から指数関数の項を除いたもの，すなわち微分方程式の特殊解に一致した．面倒な計算であったが，第5章の連立方程式よりは楽なのではないだろうか？

9.1.7 $f(x)$ が指数関数とべき関数の積のとき

今は，$f(x)$ の構成要素として指数関数，べき関数，三角関数のみを考えている．複素関数表示の方法で三角関数は指数関数に変換されるから，「関

数の積」とは実質的には「指数関数とべき関数の積」ということになる．

一方，$f(x)$ が $e^{\alpha x}$ と任意の関数 $p(x)$ の積のとき，$e^{\alpha x}$ を演算子の外に追い出す以下の公式がある．

公式 5　$e^{\alpha x}$ を逆演算子の外に出す公式

$$\frac{1}{P(D)}\{e^{\alpha x}p(x)\} = e^{\alpha x}\frac{1}{P(D+\alpha)}p(x) \tag{9.26}$$

$p(x)$：x を引数とする任意の関数

【証明】　まず，$e^{\alpha x}$ と任意の関数 $q(x)$ の積に微分演算子 D を作用させる．

$$D\{e^{\alpha x}q(x)\} = \alpha e^{\alpha x}q(x) + e^{\alpha x}Dq(x) = e^{\alpha x}(D+\alpha)q(x) \tag{9.27}$$

答えは $q(x)$ に $e^{\alpha x}(D+\alpha)$ を作用させたものになる．次に，$e^{\alpha x}q(x)$ に D^2 を作用させる．(9.27)を使えば，

$$\begin{aligned}
D^2\{e^{\alpha x}q(x)\} &= D\{e^{\alpha x}(D+\alpha)q(x)\} \\
&= D(e^{\alpha x})(D+\alpha)q(x) + e^{\alpha x}D(D+\alpha)q(x) \\
&= e^{\alpha x}(D+\alpha)^2 q(x)
\end{aligned} \tag{9.28}$$

となって，答えは $q(x)$ に $e^{\alpha x}(D+\alpha)^2$ を作用させたものになる．$e^{\alpha x}q(x)$ に D^3 を作用させた結果は，(9.28)を使えば，

$$\begin{aligned}
D^3\{e^{\alpha x}q(x)\} &= D\{e^{\alpha x}(D+\alpha)^2 q(x)\} \\
&= D(e^{\alpha x})(D+\alpha)^2 q(x) + e^{\alpha x}D(D+\alpha)^2 q(x) \\
&= e^{\alpha x}(D+\alpha)^3 q(x)
\end{aligned} \tag{9.29}$$

と，$q(x)$ に $e^{\alpha x}(D+\alpha)^3$ を作用させたものになるから，こうして計算を続けていけば，任意の n に対して

$$D^n\{e^{\alpha x}q(x)\} = e^{\alpha x}(D+\alpha)^n q(x) \tag{9.30}$$

が成り立つ．任意の微分多項式 $P(D)$ は D^j（j はゼロまたは正の整数）の線形結合で表されるから，任意の $P(D)$ において，

$$P(D)\{e^{\alpha x}q(x)\} = e^{\alpha x}P(D+\alpha)q(x) \tag{9.31}$$

が成立する．次に，$q(x) = \dfrac{1}{P(D+\alpha)}p(x)$ とおき，(9.31)を使えば，

$$P(D)\left\{e^{\alpha x}\frac{1}{P(D+\alpha)}p(x)\right\} = e^{\alpha x}P(D+\alpha)\frac{1}{P(D+\alpha)}p(x)$$
$$= e^{\alpha x}p(x) \tag{9.32}$$

を得て，最後に，(9.32)の両辺に左から $P^{-1}(D)$ を作用させれば，(9.26)を得る． **証明終**

次の例題に取り組んでみよう．

> **例題 9.5**
> 特殊解を求めなさい．
> $$y' - 2y = x^2 e^x$$

【解】
$$y_s = \frac{1}{D-2}x^2 e^x = e^x \frac{1}{D-1}x^2 \quad \leftarrow 公式5$$
$$= e^x(-1)(1+D+D^2)x^2 \quad \leftarrow 公式3$$
$$= -e^x(x^2+2x+2) \qquad \blacklozenge$$

9.1.8　$f(x)$ が指数関数，かつ $P(\alpha) = 0$ のとき

公式5は，$f(x)$ が指数関数とべき関数の積のとき，指数関数を演算子の外に追い出す便利な公式である．ところが，公式5には別の有用な使いどころがある．それは，公式1が適用できない，$f(x)$ が指数関数で，かつ $P(\alpha) = 0$ になるような問題である．次の例題を考えよう．

> **例題 9.6**
> 特殊解を求めなさい．
> $$y'' - 3y' + 2y = e^{2x} \tag{9.33}$$

【解】　微分多項式は $P(D) = D^2 - 3D + 2$ なので，$P(2) = 0$ となって公式1は使えない．この場合，$P(D)$ は必ず $(D-2)$ を因子にもつので，因数分解する．
$$y_s = \frac{1}{(D-2)(D-1)}e^{2x}$$

先に，演算子 $\frac{1}{(D-1)}$ を e^{2x} に作用させる．

$$y_s = \frac{1}{(D-2)}\frac{1}{(D-1)}e^{2x}$$

$$= \frac{1}{(D-2)}e^{2x} \quad \leftarrow 公式1 \tag{9.34}$$

次に公式5を使う．ここでポイントは，$e^{\alpha x} = e^{-2x}$ と考えて，(9.26) の右辺から左辺への変形で，e^{-2x} を演算子の中に「送り込む」点である．

$$y_s = \frac{1}{(D-2)}e^{2x} = e^{2x}e^{-2x}\frac{1}{(D-2)}e^{2x}$$

$$= e^{2x}\frac{1}{D}(e^{-2x}e^{2x}) \quad \leftarrow 公式5$$

$$= e^{2x}\frac{1}{D}(1)$$

最後に残った $D^{-1}(1)$ は，「1 を x で積分する操作」である．

$$y_s = xe^{2x} \qquad \blacklozenge$$

演算子法においては，積分定数は考慮しなくてもよいことになっている．心配なら，

$$\frac{1}{D}(1) = x + C_3 \quad (C_3 は任意の定数) \tag{9.35}$$

とおき，先を続けてみよう．(9.33) の斉次形一般解は

$$y = C_1 e^x + C_2 e^{2x} \quad (C_1, C_2 は任意の定数) \tag{9.36}$$

と求められ，ここに $e^{2x}(x + C_3)$ を加えたものが非斉次形の一般解である．ところが，

$$y = C_1 e^x + C_2 e^{2x} + e^{2x}(x + C_3)$$

$$= C_1 e^x + C_2' e^{2x} + xe^{2x} \quad (C_1, C_2' は任意の定数) \tag{9.37}$$

のように，C_3 は C_2 に吸収されてしまう．

例題 9.6 で使ったテクニックを公式として一般化しておこう．

公式 6 $f(x)$ が指数関数，かつ $P(\alpha) = 0$ のとき

この場合，$P(D)$ は必ず $(D-\alpha)$ を因子にもつので，

$$P(D) = (D-\alpha)Q(D) \tag{9.38}$$

の形に分解すると，y_s は以下の形に書ける．

$$y_s = \frac{xe^{\alpha x}}{Q(\alpha)} \tag{9.39}$$

$P(D)$ が $(D-\alpha)^n$ を因子にもつ場合は

$$P(D) = (D-\alpha)^n Q(D) \tag{9.40}$$

と分解して，y_s は以下の形に書ける．

$$y_s = \frac{x^n e^{\alpha x}}{n! Q(\alpha)} \tag{9.41}$$

9.1.9 演算子法まとめ

ここまで見てきたように，演算子法で線形微分方程式の特殊解を求める方法は，微分多項式 $P(D)$，非斉次項 $f(x)$ のパターンによって効率のよい解き方が異なる．手元に「フローチャート」があれば，選択に迷わずに済むだろう．図 9.1 を用意したので活用してほしい．

9.2 べき級数法

本節では，べき級数法による微分方程式の解法について学ぶ．べき級数とは，

$$a_0 + a_1 x + a_2 x^2 + \cdots + a_n x^n + \cdots \tag{9.42}$$

のように，定数と x の正のべき乗を掛け，$n \to \infty$ まで足したものである．

第 8 章までに学んできた微分方程式の解法は，大きく括ればすべて**求積法**に分類できる．つまり，「微分の反対は積分」，すなわち「積分とは関数と x 軸に挟まれた面積の計算」という定義に基づき，微分方程式を求積が可能な形に変形，その後求積計算を行うものであった．

ところが，べき級数法による解法は基本的に求積とは無縁で，微分方程式の解がべき級数で表されると仮定して，そのべき級数の各項の係数を，微分方程式を満たすよう決定するものである．

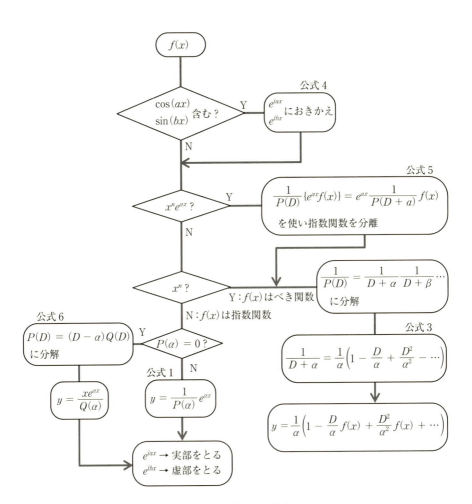

図 9.1 演算子法早見表

べき級数法の価値は2つある．1つは，近似計算としての価値である．微分方程式のなかには解析的には解けないものもあるが，解$y(x)$がべき級数で表されると仮定して，べきを有限項で打ち切れば，それは$y(x)$の近似式を与える．

べき級数法のもう1つの価値は，解が三角関数，指数関数などの初等関数で表されないような微分方程式の厳密解を，べき級数の形で与えるというものである．そして，いくつかの重要でかつよく登場するべき級数解には，**ベッセル関数**，**ルジャンドル関数**，**エルミート多項式**などの名前が与えられている．これらの，名前がつけられたべき級数解は**特殊関数**とよばれ，量子力学をはじめとした多くの学問分野で必要不可欠なものとなっている．

9.2.1 テイラー展開

関数$y = f(x)$が$x = x_0$で無限回微分可能なら，以下の等式が成立する．

$$f(x) = f(x_0) + f'(x_0)(x - x_0) + \frac{1}{2!}f''(x_0)(x - x_0)^2 + \cdots$$
$$+ \frac{1}{n!}f^{(n)}(x_0)(x - x_0)^n + \cdots$$
$$= \sum_{n=0}^{\infty} \frac{1}{n!} f^{(n)}(x_0)(x - x_0)^n \tag{9.43}$$

これを$f(x)$の**テイラー展開**という．$x_0 = 0$のとき，(9.43)は

$$f(x) = \sum_{n=0}^{\infty} \frac{1}{n!} f^{(n)}(0) x^n \tag{9.44}$$

と書け，これを特に**マクローリン展開**という．

ここで注意するべきは，(9.43)の級数が任意のxで収束することは保証されていない，という点である．テイラー展開には**収束半径**という概念がある．「べき級数が$x = c$で収束するなら，$|x - x_0| < |c - x_0|$の範囲では必ず収束する」ことが証明されており，級数が収束する最大の$|c - x_0|$が「収束半径」である．べき級数の収束半径に関する議論は単純ではないため，本書では級数の収束半径については問わず，知られている結果のみを利用する．

例題 9.7

$x_0 = 0$ でテイラー展開(マクローリン展開)しなさい.
(a)　$y = \sin x$
(b)　$y = \cos x$
(c)　$y = e^x$

【解】 (a)　$\sin x = x - \dfrac{x^3}{3!} + \dfrac{x^5}{5!} - \cdots = \sum\limits_{n=0}^{\infty} (-1)^n \dfrac{x^{2n+1}}{(2n+1)!}$

(b)　$\cos x = 1 - \dfrac{x^2}{2!} + \dfrac{x^4}{4!} - \cdots = \sum\limits_{n=0}^{\infty} (-1)^n \dfrac{x^{2n}}{(2n)!}$

(c)　$e^x = 1 + \dfrac{x^2}{2!} + \dfrac{x^3}{3!} - \cdots = \sum\limits_{n=0}^{\infty} \dfrac{x^n}{n!}$　　　◆

計算は,(9.44)を1項ずつ丁寧に計算してくだけでよい.サインは奇関数,コサインは偶関数だから,$\sin x$ は n が奇数のべき,$\cos x$ は n が偶数のべきのみで構成される.

図 9.2 は,$\sin x$ のマクローリン展開を初めの数項で打ち切ったものと,$\sin x$ を比較したものである.項数を増していくほど $x = 0$ から遠いところまで近似が成立していく様子がわかる.

x^n は,いずれも原点を起点にすれば単調に増加あるいは減少する関数で

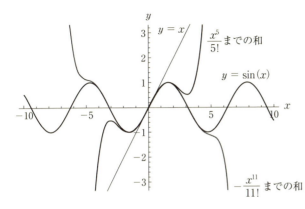

図 9.2　$y = \sin x$ とそのマクローリン展開

あり，これらを組み合わせて $-1 \leq \sin x \leq 1$ の正弦関数が作られるのは不思議な感じがするが，べきの次数が大きくなるほど分母の $(2n+1)!$ が急激に大きくなり，バランスをとっているため級数は発散しない．

上の例題で挙げた代表的な初等関数は，いずれも無限大の収束半径をもつ．すなわち任意の x で級数は収束する．

9.2.2 微分方程式の級数展開

例として，**1階変数係数非斉次線形微分方程式**を考える．
$$y' + p(x)y = f(x) \tag{9.45}$$
今，境界条件として $y(x_0) = a_0$ が知られており，$y, p(x), f(x)$ が x_0 でテイラー展開可能とする．

$$y = a_0 + a_1(x - x_0) + a_2(x - x_0)^2 + \cdots \tag{9.46}$$
$$p(x) = b_0 + b_1(x - x_0) + b_2(x - x_0)^2 + \cdots \tag{9.47}$$
$$f(x) = c_0 + c_1(x - x_0) + c_2(x - x_0)^2 + \cdots \tag{9.48}$$

ここで，a_n は未知の関数の微分だから，その値はわからない．一方，b_n, c_n は問題が与えられれば直ちに計算できる．これらを (9.45) に代入しよう．

$$\{a_1 + 2a_2(x - x_0) + \cdots\} + \{b_0 + b_1(x - x_0) + \cdots\} \cdot \{a_0 + a_1(x - x_0) + \cdots\}$$
$$= c_0 + c_1(x - x_0) + \cdots \tag{9.49}$$

$(x - x_0)$ のべきで整理すれば，係数 a_n, b_n, c_n の間に次の関係が成立する．

$$a_1 + b_0 a_0 = c_0$$
$$2a_2 + b_1 a_0 + b_0 a_1 = c_1$$
$$3a_3 + b_2 a_0 + b_1 a_1 + b_0 a_2 = c_2$$
$$\vdots$$

a_0 は微分方程式の境界条件で，すでに知られている．あるいは，これを任意の定数としたものが問題の微分方程式の「一般解」である．いずれにしても，a_0 は微分方程式とは独立に決定される．

すると，a_1 は a_0 と既知の b_0, c_0 を使って求められ，a_{n+1} はすでに求めら

れた $a_n, a_{n-1}, \cdots$ と $b_n, b_{n-1}, \cdots, c_n, c_{n-1}, \cdots$ を使って求められることがわかる．このような式を**漸化式**とよぶ．つまり，a_n は順々に決定することが可能で，すべての a_n を決定すれば，微分方程式は解けたことになる．これが，級数展開法による微分方程式の解法である．

級数展開法が威力を発揮するのは，求積法で解くことが困難な変数係数や非線形の微分方程式である．もちろん，簡単な微分方程式を級数展開法で解くこともできるが，それは時間の無駄か，せいぜい数学的興味を満たすのみである．例えば，

$$y' + y = 0 \tag{9.50}$$

を，$y(0) = 1$ の境界条件で解く．特性方程式を使って解けば，解はただちに $y = e^{-x}$ とわかる．これを級数展開法で解いてみよう．

解がマクローリン展開可能と仮定し，次のようにおく．

$$y = a_0 + a_1 x + a_2 x^2 + \cdots \tag{9.51}$$

これを微分方程式に代入する．

$$(a_1 + 2a_2 x + 3a_3 x^2 + \cdots) + (a_0 + a_1 x + a_2 x^2 + \cdots) = 0 \tag{9.52}$$

x のべきで整理すると，次の漸化式が得られる．

$$a_1 = -a_0$$
$$2a_2 = -a_1$$
$$3a_3 = -a_2$$
$$\vdots$$

境界条件から $a_0 = 1$ は既知である．$a_0 = 1$ から始め，順番に計算していくと以下の数列を得る．

$$a_1 = -1, \quad a_2 = \frac{1}{2}, \quad a_3 = -\frac{1}{3!}, \cdots \tag{9.53}$$

総和記号を使って書きなおせば，級数法で得られた微分方程式の解は

$$y = \sum_{n=0}^{\infty} (-1)^n \frac{1}{n!} x^n \tag{9.54}$$

である．これは，e^{-x} のテイラー展開に一致するので，確かにどんな微分方

程式も級数法で解けることがわかる．

また，本章冒頭で述べたように，解を $x \sim x_0$ でのみ知りたい場合は，べき級数を有限項で打ち切ってもよい近似となる（例えば図 9.2）．この場合は求めるべき係数 a_n は数個で，現実的な計算量で近似解を知ることができる．

> **例題 9.8**
>
> 次の微分方程式を，変数分離法およびべき級数法で解きなさい．境界条件は $y(0) = c$（c は定数）とする．
> $$y' - y^2 = 0 \tag{9.55}$$

【解】 非線形微分方程式に一般的解法はないが，1 階微分方程式には変数分離法が使える．

$$\frac{dy}{dx} = y^2 \longrightarrow \frac{dy}{y^2} = dx$$

$$-y^{-1} = x + C \quad (C\text{ は任意の定数}) \longrightarrow y = -\frac{1}{x+C}$$

$y(0) = c$ を代入し，以下の解を得る．

$$y = -\frac{1}{x - (1/c)}$$
$$= \frac{c}{1 - cx}$$

今度はべき級数法で解いてみよう．解がマクローリン展開可能と仮定する．

$$y = a_0 + a_1 x + a_2 x^2 + \cdots$$

微分方程式に代入する．

$$(a_1 + 2a_2 x + \cdots) - (a_0 + a_1 x + \cdots)^2 = 0$$

x のべきで整理すれば，次の漸化式が得られる．ここで $a_0 = c$ を代入しておく．

$$a_1 = c^2$$
$$2a_2 = 2ca_1 = 2c^3$$
$$3a_3 = 2ca_2 + a_1^2 = 3c^4$$
$$\vdots$$

ここから，漸化式の規則

$$a_n = c^{n+1} \quad (n \geq 0)$$

が得られる．よって，解は

$$y = c \sum_{n=0}^{\infty} c^n x^n \tag{9.56}$$

となる． ◆

(9.56)の収束半径は$|x| < |1/c|$であることが知られている．べき級数が収束するとき，(9.56)は等比級数の和の公式を使い，

$$y = \frac{c}{1-cx} \tag{9.57}$$

と書けるが，これは変数分離法で得たものと等しい．

9.2.3 エルミートの微分方程式

最後に，本質的にべき級数法でしか解くことができない，特殊関数を解にもつ微分方程式を取り上げよう．

例題 9.9

次の微分方程式を解きなさい．
$$y'' - 2xy' + 2my = 0 \quad (m \text{ はゼロまたは正の整数}) \tag{9.58}$$

【解】 (9.58)の微分方程式は**エルミートの微分方程式**とよばれる．一見するとどうということのない微分方程式なのだが，「m がゼロまたは正の整数」というところが問題である．この場合，一般の m で成り立つ解は初等関数で表せない．べき級数法を使って解こう．

解を
$$y = a_0 + a_1 x + a_2 x^2 + \cdots$$

と仮定すると，1階，2階微分はそれぞれ
$$y' = a_1 + 2a_2 x + 3a_3 x^2 + \cdots$$
$$y'' = 2a_2 + 3 \cdot 2 a_3 x + 4 \cdot 3 a_4 x^2 + \cdots$$

と書ける．x のべきで整理すれば，漸化式は

$$2ma_0 + 2a_2 = 0$$
$$2(m-1)a_1 + 3 \cdot 2a_3 = 0$$
$$2(m-2)a_2 + 4 \cdot 3a_4 = 0$$
$$\vdots$$
$$2(m-n)a_n + (n+2)(n+1)a_{n+2} = 0$$

(9.59)

と書ける.

一般に n 階微分方程式の漸化式は, a_{n-1} 以下の係数がすべて知られていないと決定できない. 本問は2階微分方程式なので, a_0 と a_1, すなわち $y(0)$ と $y'(0)$ が初期値として与えられなくてはならない.

さて, (9.59) をよく見れば, 漸化式は a_0 から始まり2個飛びに進むグループと, a_1 から始まり2個飛びに進むグループに分けられる.

$$2ma_0 + 2a_2 = 0 \qquad 2(m-1)a_1 + 3 \cdot 2a_3 = 0$$
$$2(m-2)a_2 + 4 \cdot 3a_4 = 0 \qquad 2(m-3)a_3 + 5 \cdot 4a_5 = 0$$
$$2(m-4)a_4 + 6 \cdot 5a_6 = 0 \qquad 2(m-5)a_5 + 7 \cdot 6a_7 = 0$$
$$\vdots \qquad\qquad\qquad \vdots$$

これらは $m = n$ のときに $a_{m+2} = 0$ となり, 漸化式の性質から, その後の a_{m+4}, $a_{m+6}, \cdots$ もすべてゼロとなることがわかる. そこで, m が偶数のときには $a_1 = 0$, m が奇数のときには $a_0 = 0$ を初期値とする, と約束しよう. すると, $m = n$ とならない系列は a_n がすべてゼロとなるため, エルミートの微分方程式の解は, 有限の項数で表される m 次多項式となる. これを **m 次のエルミート多項式** とよび, $H_m(x)$ と表す.

a_n を, a_m から出発する漸化式で再定義しよう.

$$4a_{m-2} + m(m-1)a_m = 0$$
$$8a_{m-4} + (m-2)(m-3)a_{m-2} = 0$$
$$12a_{m-6} + (m-4)(m-5)a_{m-4} = 0$$
$$\vdots$$

m をある値に決めたとき, $a_n (m \geq n)$ を直接得る表式は

$$a_n = (-1)^{(m-n)/2} \frac{m!}{4^{(m-n)/2}\left(\dfrac{m-n}{2}\right)!(m-n)!} a_m \tag{9.60}$$

となる．(9.60)で得られる a_n は，a_m の値によらずエルミートの微分方程式の解であるが，通常は $a_m = 2^m$ が採用される．理由は，解が規格化直交条件[†3]を満たし，多モードの振動現象を表すのに都合がよいためである．

$H_m(x)$ をいくつかの m で具体的に計算すると

$$H_0(x) = 1$$
$$H_1(x) = 2x$$
$$H_2(x) = 4x^2 - 2$$
$$H_3(x) = 8x^3 - 12x$$
$$H_3(x) = 16x^4 - 48x^2 + 12$$
$$\vdots$$

となる．$H_0(x)$ から $H_4(x)$ をプロットしたものを図9.3に示す．

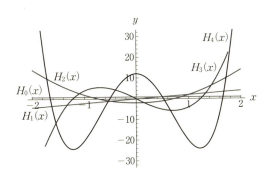

図9.3 0次から4次までのエルミート多項式 $H_m(x)$

◆

見通しが悪くなったので整理すると，エルミート多項式 $H_m(x)$ は $y'' - 2xy' + 2my = 0$ を m が偶数のとき $y'(0) = 0$，m が奇数のとき $y(0) = 0$ の初期値で解いた解である．結果として得られた解は m 次多項式となることがわかり，それが特殊関数「エルミート多項式」なのである．

[†3] $\int_{-\infty}^{\infty} H_m(x) H_n(x) e^{-x^2} dx = \sqrt{\pi} 2^n n! \delta_{mn}$

さて，エルミート多項式が具体的に登場するのはどんな問題だろうか．量子力学の分野では，「量子化された調和振動子」にエルミート多項式が登場する．また，著者（遠藤）の専門分野では，「レーザービームの横モード」がエルミート多項式を使い表される．レーザービームとは，「広がらずにまっすぐ進む光線」くらいのイメージしかないかもしれないが，その断面強度分布はレーザー物理の主要な興味の1つである．

任意のレーザービーム断面強度分布は，以下の**エルミート・ガウス関数**で表されるモードの線形結合で表されることが知られている．

$$I_{m,n}(x,y) = \left[H_m\left(\frac{\sqrt{2}x}{w}\right)H_n\left(\frac{\sqrt{2}y}{w}\right)\exp\left(-\frac{x^2+y^2}{w^2}\right)\right]^2 \quad (9.61)$$

w：ビームの大きさを表す定数 [m]

H_m と H_n はそれぞれ m 次，n 次のエルミート多項式で，整数の組 (m,n) は第8章で学んだ「モードの次数」である．レーザーポインターや市販の多くのレーザーは $m=n=0$ の**基本モード**で発振するが，これは $\exp\{-2(x^2+y^2)/w^2\}$ で表される，紡錘状の2次元ガウス関数である．

一方，レーザー装置を工夫すれば，任意の次数のエルミート・ガウスモードのレーザー発振を得ることができる．実際に，そのようにして得られたいくつかの高次モードレーザービームの断面強度分布を図9.4に示す．

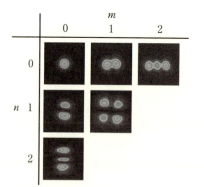

図 9.4 レーザービームのエルミート・ガウスモード．実験装置で実際に生成したビームの断面強度分布．

章 末 問 題

9.1 特殊解を演算子法で求めなさい．

(a) $(D^2 - 2D - 8)y = e^{2x}$

(b) $(D^2 - 7D + 6)y = e^{6x}$

(c) $(D^2 - 2D - 3)y = x^2$

(d) $(D^2 - D - 2)y = x^2 e^x$

(e) $(D^2 - D - 2)y = \sin x$

(f) $(D^2 + 1)y = \cos x$

9.2 変数係数の微分方程式，$y'' - 2xy' - 2y = 0$ をべき級数法で解きなさい．

あとがき

　これで読者諸君は，微分方程式を実際の問題に応用するために必要な，一通りの知識を身につけることができたはずだ．後は，読者が研究室や開発現場で，場合によっては日常生活で目にする現象を，微分方程式を使って楽しみながら解析してほしい．

　微分方程式とは，現象の本質を数式で表すことにより，その現象のどんな細部でも，どんな未来でも見ることができる魔法の眼鏡のようなものである．現代では，いくつかの条件を入れるだけでこれらの計算をやってのける優秀なコンピューターソフトがあり，結果だけを知りたいのならそのほうが早いし，楽だろう．しかしながら，何を問題と捉えて，どのような微分方程式を立てるのか，得られた解からどのような洞察が得られるのか，対象を自分が望むように制御するにはどうすればよいか，などを考えることは，まだまだコンピューターよりも人間のほうが得意である．今後，コンピューターが高度に発展していったとしても，微分方程式を楽しむことは人間のみが得られる特権であり続けると願いたい．

　著者らは，大学で物理学を教えているなかで「本当に伝えたいことは何か」という点で驚くほど意気投合し，本書が出来上がった．この本を読み終えた読者に「本当に知りたかったことが書いてあった，微分方程式を使ってみたい」と思っていただけたなら何よりの幸いである．

2017 年 10 月

著　者

参 考 文 献

[1] R. A. Serway 著, 松村博之 訳:「科学者と技術者のための物理学 Ia 力学・波動」(学術図書出版社, 1995 年)
[2] R. A. Serway 著, 松村博之 訳:「科学者と技術者のための物理学 Ib 力学・波動」(学術図書出版社, 1995 年)
[3] 本川達雄 著:「ゾウの時間 ネズミの時間 — サイズの生物学」(中央公論新社, 1992 年)
[4] Arnold J. Sommerfeld 著, 高橋安太郎 訳:「理論物理学講座 I 力学」(講談社, 1969 年)
[5] 森口繁一, 宇田川銈久, 一松信 共著:「岩波 数学公式 1(微分積分・平面曲線)」(岩波書店, 1987 年)

章末問題解答

第1章

1.1 (a) $3x^2 + 2e^{2x}$

(b) $3x^2 e^{2x} + 2x^3 e^{2x}$

(c) $(3x^2 + 2e^{2x})\cos(x^3 + e^{2x})$

(d) $2\cos(2x) - 3\sin(3x)$

(e) $\ln x + 1$

(f) $-2xe^{-x^2}$

1.2 (C は任意の定数)

(a) $x^3 + e^{2x} + C$

(b) $-2\cos x + C$

(c) $\sin(2x) + \cos(3x) + C$

(d) $\dfrac{x^4}{2} + C$

1.3 (a) 2階，非斉次，線形

(b) 1階，斉次，　非線形

(c) 2階，非斉次，線形

(d) 2階，非斉次，線形

(e) 2階，斉次，　非線形

(f) 2階，斉次，　線形

(g) 1階，非斉次，線形

1.4 (a) 一般解ではない

(b) 一般解

(c) 一般解ではない

(d) 一般解ではない(任意定数の数が足りない)

(e) 一般解

(f) 一般解ではない

(g) 一般解

(h) 一般解ではない

1.5 $y(t) = -\dfrac{g}{2}t^2 + v_0 t + y_0$

1.6 (a) $N(t) = N_0 e^{-\lambda t}$

(b) $I(t) = \dfrac{E}{R}(1 - e^{-(R/L)t})$

(c) $y(t) = a \sin\left(\sqrt{\dfrac{k}{m}}\, t + \dfrac{\pi}{2}\right)$

第2章

2.1 ($C_1, C_2, \cdots$ は任意の定数)

(a) $y = \dfrac{x^2}{2} - x + C_1$

(b) $y = -\dfrac{1}{\omega}\cos(\omega x) + C_1$

(c) $y = -\dfrac{1}{\omega^2}\cos(\omega x) + C_1 x + C_2$

(d) $y = -\dfrac{1}{\omega^3}\sin(\omega x) + C_1 x^2 + C_2 x + C_3$

(e) $y = \dfrac{x^5}{5} - \dfrac{3x^2}{2} + e^x + C_1 x + C_2$

(f) $y = \ln|x| - 2x + C_1$

(g) $y = -\ln|\cos x| + C_1$

(h) $y = x\ln x - x + C_1$

(i) $y = C_1 e^{-2x^3/3}$

(j) $y = \dfrac{1}{x^2 + C_1}$

(k) $y = -\dfrac{3}{2x^3 + C_1}$

(l) $y = C_1 e^{-e^x}$

(m) $y = C_1 e^{\cos(\omega x)/\omega}$

(n) $y = C_1 \tan\left(\dfrac{x}{2}\right)$

(o) $y = C_1 \cos x$

(p) $y = C_1 e^{x(1-\ln x)}$

2.2 (a) $y = C_1 e^x + C_2$

(b) $y = C_1 e^x + C_2 x + C_3$

2.3 (a) $y = \pm\sqrt{Cx - x^2}$

(b) $y = C \pm \sqrt{C^2 - x^2}$

(c) $x^2 + y^2 = (y+C)^2$

2.4 $W = x \cdot 2 - 1 \cdot 2x = 0$. 恒等的にゼロなので線形独立ではない.

2.5 (a) $y = C_1 e^{-3x} + C_2 e^x$
(b) $y = C_1 e^{(-1+2\sqrt{2})x} + C_2 e^{(-1-2\sqrt{2})x}$
(c) $y = C_1 e^{(-1-2i)x} + C_2 e^{(-1+2i)x}$

2.6 解を微分方程式に代入して計算, ゼロになることを示す.
$$y'' + 2y' + y = C_1 e^{-x} + C_2(-e^{-x} - e^{-x} + xe^{-x})$$
$$+ 2\{-C_1 e^{-x} + C_2(e^{-x} - xe^{-x})\} + (C_1 + C_2 x)e^{-x}$$
$$= 0$$

2.7 (a) $y_s = 2x - 2$

(b) $y_s = -\dfrac{6}{13}\cos(2x) - \dfrac{9}{13}\sin(2x)$

(c) $y_s = \dfrac{3}{5}e^{2x}$

(d) $y_s = \dfrac{1}{2}xe^x$

(e) $y_s = x^2 e^x$

(f) $y_s = 2x + 3 + \dfrac{1}{2}e^{3x}$

第3章

3.1 (a) $m\ddot{x} = -F_0$

(b) $x = -\dfrac{F_0}{2m}t^2 + C_1 t + C_2$

(c) $x = -\dfrac{F_0}{2m}t^2 + v_0 t$

3.2 (a) $m\ddot{x} = F_0\left(1 - \dfrac{t}{t_1}\right)$

(b) $x = \dfrac{F_0}{2m}\left(1 - \dfrac{1}{3t_1}t\right)t^2 + C_1 t + C_2$

(c) $t = 0$ において $\dot{x} = 0$, $\ddot{x} = a_0$ が初期条件である. 微分方程式に代入すれば $F_0/m = a_0$ を, 一般解の時間微分に代入すれば $C_1 = 0$ を得るが, これだけでは C_2 が求まらない. よって特殊解は定まらない.

(d) $x(t) = \dfrac{a_0}{2}\left(1 - \dfrac{1}{3t_1}t\right)t^2 + C_2$ より, 移動距離 s は

$$s = x(t_1) - x(0) = \frac{a_0}{2}\left(1 - \frac{1}{3t_1}t_1\right)t_1^2 + C_2 - (0 + C_2) = \frac{1}{3}a_0 t_1^2.$$

このように，特殊解が定まらなくても，引き算や割り算で任意定数が消える場合があることは覚えておくとよい．

3.3 (a) $\phi = C_1 z + C_2$

(b) $\phi = V\left(1 - \dfrac{z}{d}\right)$

3.4 (a) $\phi = -\dfrac{\rho}{2\varepsilon_0}z^2 + C_1 z + C_2$

(b) $\phi = \dfrac{\rho}{2\varepsilon_0}(d - z)z$

第 4 章

4.1 (a) $y = Ce^{-x}$

(b) $y = Ce^{-2x}$

(c) $y = Ce^{x/2}$

(d) $y = Ce^{3x/2}$

4.2 (a) 16 m

(b) 2.2%

4.3 $\alpha = \dfrac{1}{l_1 - l_2}\ln\left(\dfrac{I_2}{I_1}\right)$

4.4 (a) $m\ddot{x} = \dfrac{P}{\dot{x}}$

(b) $v(t) = \sqrt{\dfrac{2Pt}{m}}$

(c) $x(t) = \dfrac{2}{3}\sqrt{\dfrac{2P}{m}}\, t^{3/2}$

(d) 11 s

4.5 (a) $3.84 \times 10^{-12}\,\mathrm{s}^{-1}$

(b) 78.5%

4.6 $u = N^{-1}$ と変数変換すると，$\dot{u} = -N^{-2}\dot{N}$ よりロジスティック方程式は $\dot{u} = -k_0(u - K^{-1})$ となる．$\int \dfrac{du}{u - K^{-1}} = -k_0\int dt$ より $u = C'e^{-k_0 t} + K^{-1}$ (C' は任意の定数)．変数を N に戻して $N = \dfrac{K}{Ce^{-k_0 t} + 1}$ (C は任意の定数)．

第 5 章

5.1 対応する斉次方程式の解を y_g, 特殊解を y_s とすると,一般解は $y = y_g + y_s$ で与えられる.

    (a) $y_g = Ce^{-x}$, $y_s = 2(x-1)$

    (b) $y_g = Ce^{-x}$, $y_s = \dfrac{3}{5}\{\sin(2x) - 2\cos(2x)\}$

    (c) $y_g = Ce^{3x/2}$, $y_s = 3e^{2x}$

    (d) $y_g = Ce^{3x/2}$, $y_s = -2e^x$

    (e) $y_g = Ce^{x/2}$, $y_s = -2e^x$

    (f) $y_g = Ce^{2x/3}$, $y_s = 2x - e^{3x}/7 + 3$

5.2 (a) $m(t) = m_0 - Mt$

    (b) $\dot{v} = -g + \dfrac{Mu}{m_0 - Mt}$

    (c) $v(t) = -gt + u\ln\left(\dfrac{m_0}{m_0 - Mt}\right)$

    (d) $y(t) = \displaystyle\int_0^t v(t)\,dt = -\dfrac{1}{2}gt^2 + ut + \dfrac{m_0 u}{M}\left\{\left(1 - \dfrac{Mt}{m_0}\right)\ln\left(1 - \dfrac{Mt}{m_0}\right)\right\}$

5.3 (a) $I(t) = \dfrac{E}{R}(1 - e^{-(R/L)t})$

    (b) $I_\infty = \dfrac{E}{R}$

    (c) $t = 2.3\,\mu\text{s}$

5.4 (a) $\dot{T} = -\dfrac{1}{\tau}(T - T_m)$

    (b) $\dot{H} = -\dfrac{1}{\tau}H$

    (c) $T(t) = T_m + (T_0 - T_m)e^{-t/\tau}$

    (d) $25.3℃$

第 6 章

6.1 (a) $y = C_1 e^{(3-\sqrt{13})x/2} + C_2 e^{(3+\sqrt{13})x/2}$

    (b) $y = C_1 e^{x/3} + C_2 e^{-x}$

(c) $y = C_1 e^{(-3-\sqrt{11})x} + C_2 e^{(-3+\sqrt{11})x}$

(d) $y = e^{3x}(C_1 + C_2 x)$

(e) $y = e^{-x}(C_1 + C_2 x)$

(f) $y = e^{-x}(C_1 + C_2 x)$

6.2 (a) $I(t) = I_0 \cos(\omega t) + \dfrac{V_0}{\omega L} \sin(\omega t) \quad \left(\omega = \sqrt{\dfrac{1}{LC}} \right)$

(b) $V_0 = \omega L \sqrt{A^2 - I_0^2}$

6.3 (a) $\phi(x) = C_1 \sin(kx) + C_2 \cos(kx)$

(b) $C_2 = 0$

(c) $C_2 = 0$ から $\phi(x) = C_1 \sin(kx)$. $\phi(L) = 0$ を満たすためには $C_1 = 0$ もしくは $\sin(kL) = 0$ が必要だが, $C_1 = 0$ は採用できない. したがって任意定数は決定できない. 一方, $kL = 0, \pm\pi, \pm 2\pi, \cdots$ なら任意の C_1 で境界条件が満たされる. C_1 は決定できないが, 電子のエネルギーに関する定数 k が満たすべき条件が得られる.

第7章

7.1 非斉次線形微分方程式の一般解は, 斉次形の一般解に非斉次形の特殊解 y_s を足せば得られる. 本問の微分方程式は, 斉次形は章末問題 6.1 と同じである. ここでは y_s のみを示す.

(a) $y_s = -2(x - 3)$

(b) $y_s = -\dfrac{1}{10}(2\sin x + \cos x)$

(c) $y_s = -x^2 - 6x - 19$

(d) $y_s = \dfrac{1}{9}$

(e) $y_s = -x + 2$

(f) $y_s = -\dfrac{e^x}{4}$

7.2 運動方程式は $m\ddot{x} = -k(x - X - l) - \gamma(\dot{x} - \dot{X})$. ここで $x' = x - l$, $\delta = \tan^{-1} k/(\gamma\omega)$ とおくと, 運動方程式は
$$m\ddot{x}' + \gamma\dot{x}' + kx' = X_0 \sqrt{\gamma^2 \omega^2 + k^2} \cos(\omega t + \delta)$$
となる. これは, $F_0 \to X_0\sqrt{\gamma^2\omega^2 + k^2}$, $\cos(\omega t) \to \cos(\omega t + \delta)$ としたときの (7.38) に他ならない. したがって, 解も (7.45) から

$$x(t) = l + C_1 e^{\lambda_1 t} + C_2 e^{\lambda_2 t} + \frac{X_0 \sqrt{4\kappa^2 \omega^2 + \omega_0^4}}{4\kappa^2 \omega^2 + (\omega_0^2 - \omega^2)^2}$$
$$\times \{(\omega_0^2 - \omega^2)\cos(\omega t + \delta) + 2\kappa\omega \sin(\omega t + \delta)\}$$
$$(C_1, C_2 \text{ は任意の定数})$$

と書ける．ここで $\lambda_1 = -\kappa + \sqrt{\kappa^2 - \omega_0^2}$, $\lambda_2 = -\kappa - \sqrt{\kappa^2 - \omega_0^2}$ である．

次に，おもりの振幅を減らすための最適化について議論しよう．議論をわかりやすくするため，$x(t)$ の振動項を単一の正弦関数で書きなおす．

$$\sqrt{\frac{4\kappa^2 \omega^2 + \omega_0^4}{4\kappa^2 \omega^2 + (\omega_0^2 - \omega^2)^2}} X_0 \sin(\omega t + \delta + \delta'), \quad \delta' = \tan^{-1}\left(\frac{\omega_0^2 - \omega^2}{2\kappa\omega}\right)$$

まず，ダンパーが強すぎる（$\kappa \gg \omega_0$）場合の振幅は $\sim X_0$ となる．これは，おもりの動きが路面の振動に追従することを意味し，サスペンションとしての意味をなさない．一方，ダンパーが弱すぎる（$\kappa \ll \omega_0$）場合，角振動数 ω_0 付近で分母が小さくなり，急激に振幅が増大する「共振」が起きてしまう．これもサスペンションとしては問題だろう．結局，サスペンションとして望ましいのは，$\kappa \sim \omega_0$，すなわち $\zeta \sim 1$ というセッティングであることがわかる．このとき，$\omega_0 < \omega$ の振動に対して，おもりの振幅は単調に減少していく．すなわち，サスペンションの固有角振動数より早い路面の振動が吸収される．

さらに詳しい解析によると，ω に対する振幅の減衰の早さは，ζ が小さいほど早い．$\zeta = 0.5, 1, 2$ の条件における，ω と振幅の関係を図1に示す．$\zeta \sim 0.5$ 程度が，共振点において振幅が極端に大きくならず，振動を最もよく吸収できるセッティングとわかる．

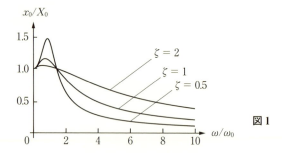

図1

7.3 ステップ応答の時定数 $\tau = 1/(\omega_0 \zeta)$，角振動数 $\omega = \omega_0\sqrt{1-\zeta^2}$ に $\tau = 3.00$ s, $\omega = 2.00 \times 2\pi$ rad/s を代入，計算すれば，$\omega_0 = 12.6$ rad/s, $\zeta = 2.65 \times 10^{-2}$ を得る．$Q = 1/(2\zeta) = 19$.

7.4 共振器の $\Delta\omega$ は，その共振角周波数が「どれほど正確にある値を示すか」という目安を与える．今，細かい議論は抜きにして，共振状態にある振動子の共振角周波数には $\pm\Delta\omega/2$ 程度の曖昧さがあると考えよう[†1]．よって，この振動子に期待される精度は $\pm(\Delta\omega/2)/\omega_0 = \pm 1/(2Q) = \pm 5\times 10^{-7}$ 程度となる．この精度で 1ヶ月 (30日) 駆動すれば，最大の進み／遅れは約 ± 1.3 秒と期待される．

7.5 $\dot{y}(t) = C_1\lambda_1 e^{\lambda_1 t} + C_2\lambda_2 e^{\lambda_2 t}$ で，最大に沈み込んだ瞬間は $\dot{y}(t)=0$ だから，t を決定する以下の条件を得る．

$$-\frac{C_1\lambda_1}{C_2\lambda_2} = e^{(\lambda_2-\lambda_1)t}$$

ここに $C_1 = \dfrac{y_t}{2}\left(\dfrac{i\zeta}{\sqrt{1-\zeta^2}}-1\right)$, $C_2 = -\dfrac{y_t}{2}\left(\dfrac{i\zeta}{\sqrt{1-\zeta^2}}+1\right)$ を代入すると以下の形を得る．

$$\frac{(-\zeta-i\sqrt{1-\zeta^2})(-\zeta+i\sqrt{1-\zeta^2})}{(-\zeta+i\sqrt{1-\zeta^2})(-\zeta-i\sqrt{1-\zeta^2})} = e^{-2i\omega_0\sqrt{1-\zeta^2}t}$$

左辺は 1 になるので，右辺が 1 になる条件，$t_n = \dfrac{n\pi}{\omega_0\sqrt{1-\zeta^2}}$ ($n = 0, 1, 2, 3,$ …) で皿は静止する．最大の沈み込みは $n=1$ で生じるから，(7.35) が得られる．

7.6 $X = \omega/\omega_0$ として規格化された振幅を書き表すと，

$$\frac{x_0 k}{F_0} = \frac{1}{\sqrt{4\zeta^2 X^2 + (1-X^2)^2}}$$

となる．分母が最小のときが最大の振幅を与えるから，最大振幅を与える X を知るには $4\zeta^2 X^2 + (1-X^2)^2$ を X で微分，ゼロとなる値をとればよい．計算すると，$X = \sqrt{1-2\zeta^2}$ を得る．平方根が正の実数をとらない条件は，$X > 0$ には最大振幅がないことを示す．そしてそれは $\zeta \geq 1/\sqrt{2}$ で与えられる．ちなみに上式から，$0 < \zeta < 1/\sqrt{2}$ の場合には，共振角周波数が $\omega = \omega_0\sqrt{1-2\zeta^2}$ で与えられることも導ける．

7.7 (a) 運動方程式は (7.38) の右辺を $F(t)$ にしたものであるから，$m\ddot{x} + \gamma\dot{x} + kx = F(t)$ である．$\gamma/m = 2\kappa$, $k/m = \omega_0^2$ とおき，$f(t) = F(t)/m$ とすると，$\ddot{x} + 2\kappa\dot{x} + \omega_0^2 x = f(t)$ となる．斉次形の一般解は (7.39) で与えられる（ただし $\lambda_1 \neq \lambda_2$）．後は特殊解 x_s を求めればよい．

本問以外では，非斉次項が三角関数で表される周期的外力の下での強制振動を考えてきた．このように関数形がわかっている場合には，非斉

[†1] 外力と振動子の位相差を検出すれば，この曖昧さはもっと小さくできる．

次微分方程式の解法は未定係数法でも定数変化法でもどちらでも構わない．一方，本問のように外力の形が不明の場合には，非斉次項の具体的な関数形がわからないため，未定係数法は使えない．代わりに定数変化法が威力を発揮する．

微分方程式の基本解は $x_1 = e^{\lambda_1 t}$ と $x_2 = e^{\lambda_2 t}$ で，ロンスキアンを求めると $W = (\lambda_2 - \lambda_1)e^{(\lambda_1+\lambda_2)t}$ となる．これから特殊解は

$$x_s = -x_1 \int \frac{x_2 f(t)}{W} dt + x_2 \int \frac{x_1 f(t)}{W} dt$$

$$= -\frac{e^{\lambda_1 t}}{(\lambda_2 - \lambda_1)m} \int e^{\lambda_2 t} F(t)\, dt + \frac{e^{\lambda_2 t}}{(\lambda_2 - \lambda_1)m} \int e^{\lambda_1 t} F(t)\, dt$$

となり，一般解は $x(t) = C_1 e^{\lambda_1 t} + C_2 e^{\lambda_2 t} + x_s$ (C_1, C_2 は任意の定数) である．

(b) 運動は単振動だから，斉次形の一般解は $x(t) = A\cos(\omega_0 t) + B\sin(\omega_0 t)$ (A, B は任意の定数) と三角関数で書ける．よって基本解は $x_1 = \cos(\omega_0 t)$ と $x_2 = \sin(\omega_0 t)$，ロンスキアンは $W = \omega_0$ であり，特殊解は

$$x_s = -\frac{\cos(\omega_0 t)}{m\omega_0} \int \sin(\omega_0 t) F(t)\, dt + \frac{\sin(\omega_0 t)}{m\omega_0} \int \cos(\omega_0 t) F(t)\, dt$$

となる．一般解は $x(t) = A\cos(\omega_0 t) + B\sin(\omega_0 t) + x_s$ である．

第 8 章

8.1 (a) (8.36a) を y_2 について解き (8.36b) へ代入すると，$y_1(x) = C_1 e^{-3x} + C_2 e^{-4x} + (3/4)$ (C_1, C_2 は任意の定数)．この結果を (8.36a) に代入すると，$y_2(x) = -(1/2)C_1 e^{-3x} - C_2 e^{-4x} + (1/4)$．

(b) 微分方程式を正規形に変形する．

$$\begin{pmatrix} y_1' \\ y_2' \end{pmatrix} = \begin{pmatrix} -2 & 2 \\ -1 & -5 \end{pmatrix} \begin{pmatrix} y_1 \\ y_2 \end{pmatrix} + \begin{pmatrix} 1 \\ 2 \end{pmatrix}$$

特性方程式

$$\begin{vmatrix} -2-\lambda & 2 \\ -1 & -5-\lambda \end{vmatrix} = 0$$

の根は $\lambda_1 = -3$ と $\lambda_2 = -4$ である．$\lambda_1 = -3$ に対応する固有ベクトル $\boldsymbol{h}_1$ は

$$\begin{pmatrix} -2-(-3) & 2 \\ -1 & -5-(-3) \end{pmatrix} \begin{pmatrix} y_1 \\ y_2 \end{pmatrix} = 0$$

より $(1, -1/2)$. 同様にして, $\lambda_2 = -4$ に対応する固有ベクトル $\boldsymbol{h}_2$ は $(1, -1)$. よって斉次形の一般解は
$$\boldsymbol{y} = C_1 e^{-3x} \boldsymbol{h}_1 + C_2 e^{-4x} \boldsymbol{h}_2 \quad (C_1, C_2 \text{ は任意の定数})$$
すなわち
$$y_1 = C_1 e^{-3x} + C_2 e^{-4x}$$
$$y_2 = -\frac{1}{2} C_1 e^{-3x} - C_2 e^{-4x}$$
である. 次に特殊解を求める. 非斉次項が定数だから, 特殊解も定数を仮定する. 特殊解を $\boldsymbol{A} = (A_1, A_2)$ とすると
$$\begin{pmatrix} 0 \\ 0 \end{pmatrix} = \begin{pmatrix} -2 & 2 \\ -1 & -5 \end{pmatrix} \begin{pmatrix} A_1 \\ A_2 \end{pmatrix} + \begin{pmatrix} 1 \\ 2 \end{pmatrix}$$
より, $A_1 = 3/4$, $A_2 = 1/4$. したがって, 問題の連立方程式の解は以下の通り.
$$y_1 = C_1 e^{-3x} + C_2 e^{-4x} + \frac{3}{4}$$
$$y_2 = -\frac{1}{2} C_1 e^{-3x} - C_2 e^{-4x} + \frac{1}{4} \quad (C_1, C_2 \text{ は任意の定数})$$

8.2 (a) $m_1 \ddot{x}_1 = -k(x_1 - l) + k'(x_2 - x_1 - l)$
$m_2 \ddot{x}_2 = k(2l - x_2) - k'(x_2 - x_1 - l)$

(b) 基準振動の振動数を ω_+, ω_- とすると
$$\omega_\pm^2 = \frac{3(k + k') \pm \sqrt{k^2 + 2kk' + 9k'^2}}{4m}.$$

8.3 $y_1 = y, y_2 = y', y_3 = y''$ とおくと, $y_3' = -ay_3 - by_2 - cy_1$ を得る. よって, 連立微分方程式は以下の通り.
$$y_1' = y_2$$
$$y_2' = y_3$$
$$y_3' = -ay_3 - by_2 - cy_1$$
さらに, 行列で表現すれば
$$\boldsymbol{y}' = \begin{pmatrix} 0 & 1 & 0 \\ 0 & 0 & 1 \\ -c & -b & -a \end{pmatrix} \boldsymbol{y}.$$

8.4 (8.38c) より $\ddot{N}_\mathrm{C} = \lambda_\mathrm{B} \dot{N}_\mathrm{B} - \lambda_\mathrm{C} \dot{N}_\mathrm{C}$. これに (8.38b) を代入して
$$\ddot{N}_\mathrm{C} = \lambda_\mathrm{A} \lambda_\mathrm{B} N_\mathrm{A} - \lambda_\mathrm{B}(\lambda_\mathrm{B} + \lambda_\mathrm{C}) N_\mathrm{B} + \lambda_\mathrm{C}^2 N_\mathrm{C} \quad (1)$$
この式をさらに微分してから, (8.38a), (8.38b), (8.38c) を用いると

$$\dddot{N}_\text{C} = -\lambda_\text{A}\lambda_\text{B}(\lambda_\text{A} + \lambda_\text{B} + \lambda_\text{C})N_\text{A} + \lambda_\text{B}(\lambda_\text{B}{}^2 + \lambda_\text{B}\lambda_\text{C} + \lambda_\text{C}{}^2)N_\text{B} + \lambda_\text{C}{}^3 N_\text{C} \tag{2}$$

(8.38c),（1），（2）より
$$\dddot{N}_\text{C} + (\lambda_\text{A} + \lambda_\text{B} + \lambda_\text{C})\ddot{N}_\text{C} + (\lambda_\text{A}\lambda_\text{B} + \lambda_\text{B}\lambda_\text{C} + \lambda_\text{C}\lambda_\text{A})\dot{N}_\text{C} + \lambda_\text{A}\lambda_\text{B}\lambda_\text{C} N_\text{C} = 0 \tag{3}$$

を得る．

別解　クラメルの公式（→ 8.2.2 項, p.163）を使う．

$$\begin{vmatrix} D+\lambda_\text{A} & 0 & 0 \\ -\lambda_\text{A} & D+\lambda_\text{B} & 0 \\ 0 & -\lambda_\text{B} & D+\lambda_\text{C} \end{vmatrix} N_\text{C} = \begin{vmatrix} 0 & 0 & 0 \\ 0 & 0 & 0 \\ 0 & 0 & D+\lambda_\text{C} \end{vmatrix}$$

解けば，（3）を得る．

第 9 章

9.1 (a) $y_\text{s} = -\dfrac{1}{8}e^{2x}$　←公式 1

(b) $y_\text{s} = \dfrac{1}{D^2 - 7D + 6}e^{6x} = \dfrac{1}{(D-6)(D-1)}e^{6x} = \dfrac{xe^{6x}}{5}$　←公式 6

(c) $y_\text{s} = \dfrac{1}{D^2 - 2D - 3}x^2 = \dfrac{1}{(D-3)(D+1)}x^2$

$= \dfrac{1}{(D-3)}(1 - D + D^2)x^2$　←公式 3

$= \dfrac{1}{(D-3)}(x^2 - 2x + 2)$

$= \dfrac{1}{(-3)}\left(1 + \dfrac{D}{3} + \dfrac{D^2}{9}\right)(x^2 - 2x + 2)$　←公式 3

$= -\dfrac{1}{3}\left(x^2 - \dfrac{4}{3}x + \dfrac{14}{9}\right)$

(d) $y_\text{s} = \dfrac{1}{D^2 - D - 2}x^2 e^x = e^x \dfrac{1}{(D+1)^2 - (D+1) - 2}x^2$　←公式 5

$= e^x \dfrac{1}{D^2 + D - 2}x^2 = e^x \dfrac{1}{(D+2)(D-1)}x^2$

$= e^x \dfrac{1}{D+2}(-1)(1 + D + D^2)x^2$　←公式 3

$$= e^x \frac{1}{D+2}(-x^2 - 2x - 2)$$
$$= e^x \left(\frac{1}{2}\right)\left(1 - \frac{D}{2} + \frac{D^2}{4}\right)(-x^2 - 2x - 2) \quad \leftarrow 公式3$$
$$= -\frac{e^x}{2}\left(x^2 + x + \frac{3}{2}\right)$$

(e) $y_s = \dfrac{1}{D^2 - D - 2} e^{ix} \quad \leftarrow 公式4$

$$= \frac{1}{i^2 - i - 2} e^{ix} = -\frac{1}{i+3} e^{ix} \quad \leftarrow 公式1$$

虚部をとって $y_s = \dfrac{1}{10}(\cos x - 3\sin x)$.

(f) $y_s = \dfrac{1}{D^2 + 1} e^{ix} \quad \leftarrow 公式4$

$$= \frac{1}{D-i}\frac{1}{D+i} e^{ix} = \frac{xe^{ix}}{i+i} \quad \leftarrow 公式6$$

実部をとって $y_s = \dfrac{x}{2}\sin x$.

9.2 漸化式は $-2(n+1)a_n + (n+2)(n+1)a_{n+2} = 0$ となる．この漸化式を見ると，a_0 から始まり2個飛びに進むグループと，a_1 から始まり2個飛びに進むグループに分けられる．これらはそれぞれ $k = 0, 1, 2, \cdots$ として $a_{2k} = a_0/k!$, $a_{2k+1} = \{4^k k!/(2k+1)!\}a_1$ と書ける．まとめると，

$$y = a_0 + a_1 x + a_2 x^2 + \cdots$$
$$= (a_0 + a_2 x^2 + \cdots) + (a_1 x + a_3 x^3 + \cdots)$$
$$= \sum_{k=0}^{\infty} a_{2k} x^{2k} + \sum_{k=0}^{\infty} a_{2k+1} x^{2k+1}$$
$$= a_0 \sum_{k=0}^{\infty} \frac{x^{2k}}{k!} + a_1 \sum_{k=0}^{\infty} \frac{4^k k!}{(2k+1)!} x^{2k+1}$$

となる．ここで a_0, a_1 は任意の積分定数である．

索　引

ア
RLC 直列回路　123
圧電効果　151
アナログ　105
アナログコンピューター　iv, 125

イ
1 次遅れ　132
1 次反応　96
1 変数関数　2
一般解　16
インダクタンス　76
インピーダンス　81

ウ
運動の法則　10, 45
　　ニュートンの——　46
運動量保存則　64

エ
LC 直列回路　117
エルミート・ガウス関数　206
エルミート多項式　198
エルミートの微分方程式　203
演算子法　21, 183

オ
オイラーの公式　31, 109
オイルダンパー　119
遅れ要素　132

カ
階数　13
　　——の引き下げ　25
解の線形結合　38
ガウス平面(複素平面)　109
化学平衡　101
可逆反応系　100
角周波数　108
角振動数　108
過減衰　120
カテナリー　151
過渡解　81
関数　1
慣性抵抗　88
慣性の法則　46
慣性領域　89

キ
Q 値(Quality factor)　150
機械系　124, 140
基準振動(振動モード)　171
基本解　28

基本モード　206
逆演算子　186
逆関数　23
求積法　196
境界条件　16
境界値問題　16
共振　142
共振器　147
共振曲線　142
強制振動　140
共役複素数　110
キルヒホッフの法則　72

ク
クォーツ　151
クラメルの公式　163

ケ
係数　14
原始関数　8
減衰距離　60
減衰振動　118
減衰定数　59
減衰比　133

コ
合成関数の微分　6
固有振動　108
固有(角)振動数　108
固有値　166
固有ベクトル　166

索　引

サ

最適化問題　138
作用－反作用の法則　46

シ

指数関数的な減衰　58
自然対数　6
収束半径　198
従属変数　1
終端速度（terminal velocity）　90
自由度　170
自由落下運動　46
重力加速度　48
寿命　58
常用対数　6
初期条件　17
初期値問題　17
振動モード（基準振動）　171

ス

水晶振動子　151
水素イオン濃度　102
数値的解法　21, 183
ステップ応答　132

セ

斉次　20
制振ダンパー　144
積分定数　8
積分の公式　10
絶対値　110
漸化式　201

線形　20
線形結合　28, 108, 167, 171, 206
　解の——　38
線形代数　28, 161, 163
線形微分方程式　15

タ

第1宇宙速度　67
台はかり　130
ダッシュポット　119
単位ベクトル　28
単振動　108
単振り子　114

チ

調和振動　108
直接積分形　21, 46, 48

ツ

ツィオルコフスキーのロケット方程式　66

テ

抵抗値　72
ディジタル回路　151
定常解　81
定数係数　14
定数係数微分方程式　14
定数変化法　38
定積分　7
テイラー展開　198
電位差　70
伝達関数　133
電離反応　102

電離平衡　102

ト

同次形　26
到達速度（final velocity）　67
特異解　16
特殊解（特解）　16
特殊関数　198
特性方程式　21, 30, 167
　——の根　167
独立変数　1
特解（特殊解）　16

ニ

2次遅れ　132
2次反応　97
2乗・3乗の法則　86
ニュートンの運動の法則　46
ニュートンの記法　47
ニュートンの冷却の法則　84

ネ

ネズミ算式　60
粘性抵抗　88
粘性領域　89

ハ

ばねとおもりの系　119, 130, 139
半減期　58
半値全幅　148
反応速度定数　96

索引

万有引力 48

ヒ
引数 2
非斉次 14, 20
微積分学 9
非線形 20
非線形微分方程式 15, 62
非同次 14
微分 2
　——の公式 10
　　合成関数の—— 5
　　積の—— 11
微分演算子 161, 184
微分多項式 185

フ
複素関数表示 81
複素数の極形式 109
複素平面（ガウス平面） 109
不減衰固有角振動数 123
フックの法則 106
物理量 10
不定積分 8
フーリエ変換 21, 183
ブロック線図 133

ヘ
β 崩壊 57
べき級数法 21
ベクトルの1次変換 165
ベッセル関数 198
ベルヌーイの微分方程式 41
偏角 110
変数係数微分方程式 14
変数分離（法） 12, 21, 23

ホ
崩壊定数 57

マ
マクローリン展開 198

ミ
未定係数法 34

ヨ
容量 72

ラ
ライプニッツの記法 3
ラグランジュの記法 4
ラプラス変換 21, 133, 184

ランベルト-ベールの法則 59

リ
リーマン幾何学 9
流体抵抗 88
臨界減衰 121

ル
ルジャンドル関数 198

レ
レイノルズ数 89
レート方程式 96
連成振り子 177
連立微分方程式 2, 159
　——の正規形 165

ロ
ロケットの運動 52
ロケット方程式 66
ロジスティック方程式 62
ロンスキアン 30
ロンスキー行列 29

ワ
ワイエルシュトラス関数 2

著者略歴

遠藤 雅守（えんどう まさもり）

1965年，東京都に生まれる．慶應義塾大学理工学部電気工学科卒，同大学院博士課程修了．三菱重工業(株)，東海大学工学部非常勤講師，同大学理学部専任講師を経て，現在，東海大学理学部教授．博士(工学)．
専門：レーザー装置全般，特に気体レーザーと光共振器．
主な著書："Gas lasers"（共著 CRC Press），「理系人のための関数電卓パーフェクトガイド」（とりい書房），「まんがでわかる電磁気学」（オーム社），「電磁気学」，「電磁波の物理」（以上 森北出版）．

北林 照幸（きたばやしてる ゆき）

1971年，千葉県に生まれる．東海大学理学部物理学科卒，同大学院博士課程前期修了．三菱電機システムサービス加速器技術センター等を経て，現在，東海大学理学部教授．博士(理学)．
専門：素粒子物理学
主な著書：「高校と大学をつなぐ穴埋め式力学」，「高校と大学をつなぐ穴埋め式電磁気学」（以上 講談社）

微分方程式と数理モデル　現象をどのようにモデル化するか
2017年11月10日　第1版1刷発行
2025年 3月25日　第3版1刷発行

著作者	遠藤 雅守	
	北林 照幸	
発行者	吉野 和浩	
発行所	〒102-0081 東京都千代田区四番町8-1	
	電話	(03)3262-9166
	株式会社 裳華房	
印刷所	株式会社 中央印刷株式会社	
製本所	株式会社 松岳社	

検印省略

定価はカバーに表示してあります．

一般社団法人
自然科学書協会会員

〈出版者著作権管理機構 委託出版物〉
本書の無断複製は著作権法上での例外を除き禁じられています．複製される場合は，そのつど事前に，出版者著作権管理機構（電話03-5244-5088，FAX 03-5244-5089，e-mail: info@jcopy.or.jp）の許諾を得てください．

ISBN 978-4-7853-1573-3

© 遠藤雅守・北林照幸，2017　　Printed in Japan

本質から理解する 数学的手法

荒木　修・齋藤智彦 共著　Ａ５判／210頁／定価 2530円（税込）

　大学理工系の初学年で学ぶ基礎数学について，「学ぶことにどんな意味があるのか」「何が重要か」「本質は何か」「何の役に立つのか」という問題意識を常に持って考えるためのヒントや解答を記した．話の流れを重視した「読み物」風のスタイルで，直感に訴えるような図や絵を多用した．

【主要目次】1. 基本の「き」　2. テイラー展開　3. 多変数・ベクトル関数の微分　4. 線積分・面積分・体積積分　5. ベクトル場の発散と回転　6. フーリエ級数・変換とラプラス変換　7. 微分方程式　8. 行列と線形代数　9. 群論の初歩

力学・電磁気学・熱力学のための 基礎数学

松下　貢 著　Ａ５判／242頁／定価 2640円（税込）

　「力学」「電磁気学」「熱力学」に共通する道具としての数学を一冊にまとめ，豊富な問題と共に，直観的な理解を目指して懇切丁寧に解説．取り上げた題材には，通常の「物理数学」の書籍では省かれることの多い「微分」と「積分」，「行列と行列式」も含めた．

【主要目次】1. 微分　2. 積分　3. 微分方程式　4. 関数の微小変化と偏微分　5. ベクトルとその性質　6. スカラー場とベクトル場　7. ベクトル場の積分定理　8. 行列と行列式

大学初年級でマスターしたい 物理と工学の ベーシック数学

河辺哲次 著　Ａ５判／284頁／定価 2970円（税込）

　手を動かして修得できるよう具体的な計算に取り組む問題を豊富に盛り込んだ．

【主要目次】1. 高等学校で学んだ数学の復習 －活用できるツールは何でも使おう－　2. ベクトル －現象をデッサンするツール－　3. 微分 －ローカルな変化をみる顕微鏡－　4. 積分 －グローバルな情報をみる望遠鏡－　5. 微分方程式 －数学モデルをつくるツール－　6. 2階常微分方程式 －振動現象を表現するツール－　7. 偏微分方程式 －時空現象を表現するツール－　8. 行列 －情報を整理・分析するツール－　9. ベクトル解析 －ベクトル場の現象を解析するツール－　10. フーリエ級数・フーリエ積分・フーリエ変換 －周期的な現象を分析するツール－

物理数学　［物理学レクチャーコース］

橋爪洋一郎 著　Ａ５判／354頁／定価 3630円（税込）

　物理学科向けの通年タイプの講義に対応したもので，数学に振り回されずに物理学の学習を進められるようになることを目指し，学んでいく中で読者が疑問に思うこと，躓きやすいポイントを懇切丁寧に解説している．また，物理学科の学生にも人工知能についての関心が高まってきていることから，最後に「確率の基本」の章を設けた．

【主要目次】0. 数学の基本事項　1. 微分法と級数展開　2. 座標変換と多変数関数の微分積分　3. 微分方程式の解法　4. ベクトルと行列　5. ベクトル解析　6. 複素関数の基礎　7. 積分変換の基礎　8. 確率の基本